真正學得會!!

機縫入門書

一生使えるミシンの基本

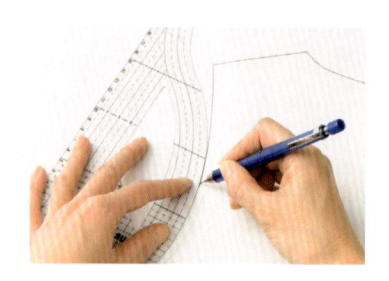

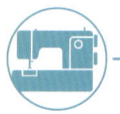

目錄

第1章 縫紉機的基礎

縫紉機的種類 …………………………… 6
選購縫紉機的五個重點 ………………… 8
縫紉機的各部位名稱與功能 …………… 10
縫紉機的針、線和梭心 ………………… 12
車縫前的準備事項 ……………………… 14
車縫時的姿勢 …………………………… 18
正式車縫之前的試車 …………………… 20
縫紉機常見問題排解 …………………… 21
基本的車縫方法 ………………………… 24
珠針的使用方法 ………………………… 28
選擇正確的壓布腳 ……………………… 29
壓布腳的使用方法① …………………… 30
壓布腳的使用方法② …………………… 32
如何車縫特殊布料 ……………………… 34

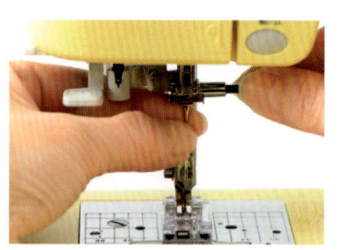

第2章 縫紉工具、整布、量身與紙型製作

縫紉工具 ………………………………… 40
關於布料 ………………………………… 44
布料與針線的搭配 ……………………… 46
整布的方法 ……………………………… 48
如何量身 ………………………………… 51
衣服各部位和紙型的名稱 ……………… 52
紙型的記號和名稱 ……………………… 54
用描圖紙描繪紙型 ……………………… 55
製作原寸紙型 …………………………… 56
如何修正紙型 …………………………… 61

第3章 裁布、做記號、熨燙

如何裁布 ………………………………… 66
如何做記號 ……………………………… 72
布襯的使用方法 ………………………… 75
布邊和縫份的處理方法 ………………… 78
熨斗的活用法 …………………………… 82
如何疏縫 ………………………………… 84

第4章 服裝各部位的縫製技巧

接合內外兩片布料	86
袋角的縫份處理	87
尖褶	88
打褶	90
抽細褶	92
圓角型口袋	94
四角型口袋	95
脇邊口袋	96
襯衫領	98
領台式襯衫領	100
荷葉領	102
無領	104
襯衫袖	106
接合袖	107
插肩袖	109
泡泡袖	110
腰頭	112
鬆緊帶腰頭	114
有門襟的拉鍊	118
隱形拉鍊	120
鍊齒外露的拉鍊	122
多層鬆緊縮褶	123
布環	124
滾邊條	126
開扣眼	130

第5章 手縫針‧線、鈕扣、藏針縫‧收尾

手縫針‧線	132
安裝鈕扣	134
藏針縫‧收尾	138

第6章 製作實用生活小物

ITEM 01 環保購物袋	142
ITEM 02 拉鍊化妝包三件組	145
ITEM 03 簡約感圓裙	149
ITEM 04 半身工作圍裙	152
裁縫用語索引	155

專欄●生活中的縫縫補補

號碼布的縫法‧標籤的縫法	38
各服裝款式購買布料的計算方法	50
正確測量及膝長度	62
拉鍊的各部位名稱和種類	116
如何處理下襬	139

獻給——
現在開始想要學習縫紉機的人
想要更加享受機縫樂趣的人
以及，使用縫紉機時遇到問題的人

我一頭栽入縫紉的世界已經是1970年代的事了，目前相關著作已經超過120本。
在這幾十年間，我一邊嘗試、一邊思考，
如何用最簡單的方式做出漂亮又好用的作品，
在反覆實驗的過程中，就這樣一直做針線活做到現在。
而至今依然不變的，是我每天仍舊在困惑之中，不斷地尋找更好的方法，
因此，每一天我都會有新的發現，
縫紉機也是如此。
縫紉機，可以將平凡的布料變成漂亮的衣物、包包或窗簾，
是一種能夠生產出各種物品的魔法道具，
隨著使用者的不同，能不斷做出新的東西。
踩踏縫紉機，是非常愉快的時光，
只要熟悉了縫紉機，後來甚至能從機器運轉聲就了解縫紉機的「身體狀況」。
我希望讓更多人了解使用縫紉機的樂趣，就算多一個人也好，因此撰寫了這本書，
書中介紹了初學者也能輕鬆有效率地使用縫紉機的祕訣。
各種裁縫技巧都以淺顯易懂的方式詳細解說，
新手容易忽略的重點會在「KURAI‧MUKI Point」欄位進一步說明。

以上序言收錄在2012年出版的《超基本縫紉機入門》之中，
本書以該書為基礎，不僅重新改寫也增加了內容，變得更加平易近人。
容我在此提一下自己的私事。但這十幾年之間，我的孫子出生了。
我希望孫子長大後也能夠看這本書學會使用縫紉機，因此重新修訂了這本書。
在這個資訊爆炸的時代，我只留下最必要的資訊，
車縫時會遇到的各種疑難雜症，全部收錄在這本書裡。
所以，如果能讓大家覺得「只要有這本書就夠了」，我會覺得十分開心。

KURAI‧MUKI

第 1 章

縫紉機的基礎

歡迎來到縫紉機的世界！
這一章會針對第一次使用縫紉機的初學者，
詳細介紹縫紉機的種類、基本操作方法和各種車縫法。
對於已經擁有一些縫紉經驗的讀者，
請重新檢視你是否正確理解這些知識，讓技術更加精湛！

縫紉機的種類

縫紉機可以根據尺寸和特徵分為幾個種類，每種類型在功能上都有所不同。了解各類縫紉機的特性，對於初次購買的人來說非常重要。請參考第8頁「選購縫紉機的五個重點」，以選擇最適合自己的縫紉機。

●家用縫紉機

【輕巧型縫紉機】

重量在6公斤以內的小型家用縫紉機，適合進行直線車縫和曲線車縫等基本操作。這種縫紉機搬運和收納都十分方便，而且價格較為便宜。雖然與全功能縫紉機相比，其馬力較弱，而且某些機種可能無法車縫特定布料，但對於棉或麻等普通材質的布料已經綽綽有餘。這款縫紉機特別適合想縫製小物件或兒童服飾的人，以及縫紉初學者。在輕巧型縫紉機中，也有一些重量稍重的機型，使用起來更穩定，車縫時也比較輕鬆。

照片／JUKI HZL-J50

【全功能縫紉機】

重量6公斤以上的家用縫紉機。針趾花樣種類豐富，可以調節縫線針距的長度，也具備自動開扣眼等功能，比輕巧型縫紉機的功能更加全面。可以車縫的材質範圍廣泛，包括羊毛和化學纖維的內襯布等。由於馬力較強，縫紉速度也更快。另外，因為縫紉機比較重，具有良好的穩定性，使縫紉操作更為順暢。不僅適合初學者，也推薦給中高級的進階縫紉者使用。

照片／JANOME KURAI・MUKI SEWING MACHINE KM2010

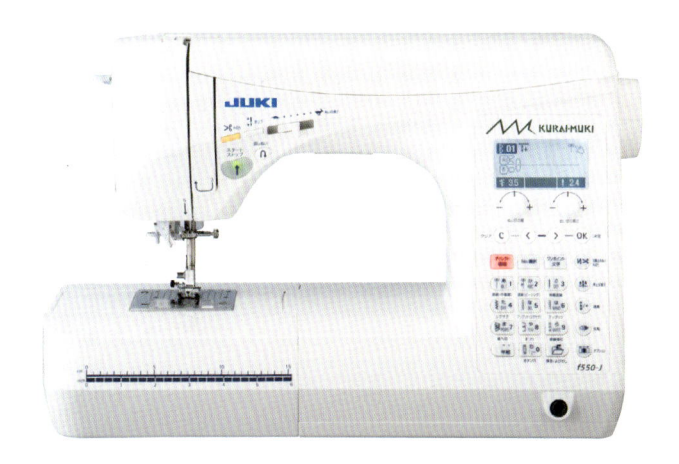

【電腦型縫紉機】

高科技且多功能的縫紉工具,可以用內建的電腦芯片來控制與針的上下速度與縫線的張力等等。具有液晶顯示屏,只要按一下按鍵就能執行多種縫紉功能,針趾花樣的選擇或複雜的刺繡都可以自動完成。例如,在機器上輸入英文字母並選擇字體,即可在布料上自動完成英文名字的刺繡,享受除了車縫以外的裁縫樂趣。

照片／JUKI f550-J KURAI・MUKI

●工業用縫紉機(高速直線縫紉機)

直線車縫專用的縫紉機。馬力強,不論是薄布料、厚布料、棉麻材質、厚羊毛或是軟滑的絲綢布料,都能車縫出穩定又漂亮的縫線。無法進行鋸齒縫,要另外使用拷克機來處理布邊,因此一般會同時購入拷克機。由於能夠高速運轉,工業用縫紉機的車縫速度和穩定性都優於家用縫紉機,從一般縫紉愛好者到專家都適用。請注意,家用縫紉機是水平式梭床(請參考P.11),不需調整下線,但工業用縫紉機是垂直式梭床,需要搭配梭殼使用,所以有必要調整下線。

照片／JUKI SL-700EX HY-SPEC

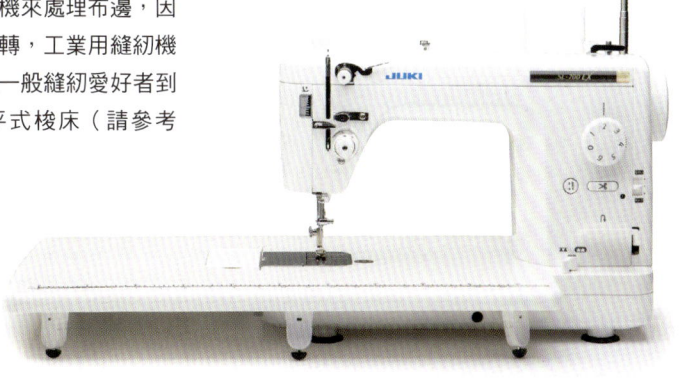

●拷克機

專門用來處理布邊或拼接布料的機器。與普通縫紉機不同,拷克機同時使用2~4根線進行鎖邊包縫。比起家用縫紉機的鋸齒縫,能將布邊車縫得更牢固又漂亮。由於其縫線具有伸縮性,也適用於有彈性的針織布料。雖然經常被認為是只有成衣廠才會用的專業工具,其實也有許多業餘者在家使用。即使你已經擁有家用縫紉機,如果想要做出像成衣一樣漂亮的布邊,也非常推薦購入拷克機。

第 1 章　縫紉機的基礎

縫紉機的種類

選購縫紉機的五個重點

只要擁有一台全功能縫紉機,無論你是裁縫初學者或是進階使用者,幾乎都能滿足你的需求。購買縫紉機時,請參考以下五個重點。

1 有重量

如果縫紉機本身重量過輕,車縫時會因震動而抖動,難以穩定車縫。縫紉機具有一定重量時,車縫時會更穩定,成品的縫線效果也會比較漂亮。如果你正在考慮「先買一台輕巧型縫紉機試試看吧」,建議優先選擇重量較重的機型。

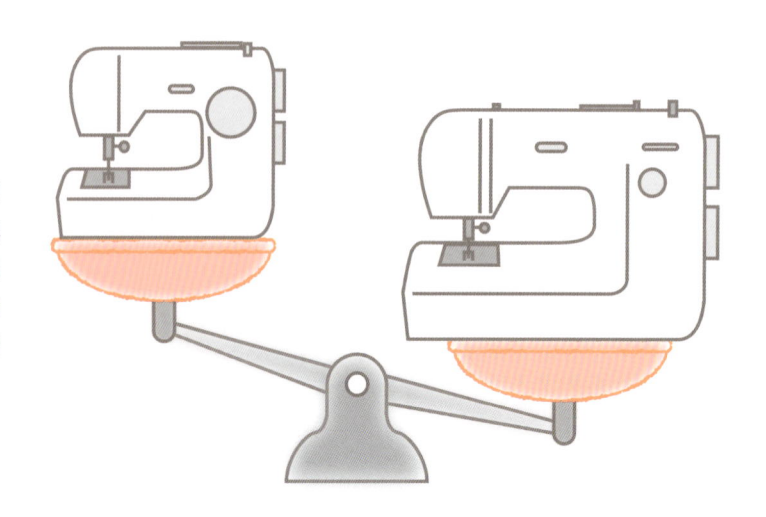

2 縫紉空間大

縫紉機中央的空洞部分稱為「縫紉空間」。在車縫長洋裝或窗簾等大型布料時,因為需要在這個空間裡移動布料(請參考左側照片),如果這裡過於狹窄就會難以操作。

縫紉空間

3 附有腳踏板

腳踏板是利用腳踩來開始或停止車縫的縫紉機配件。使用縫紉機時，通常要用雙手按壓布料，沒有腳踏板的話，就必須騰出一隻手去按開始鍵。如果有腳踏板，即使雙手都在使用縫紉機的狀態下，也能透過踩踏來調整車縫速度。

腳踏板

4 車縫的聲音安靜

每台縫紉機的車縫運轉聲都不一樣，聲音的大小也有多種變化。考量到安靜舒適的居家空間，縫紉機發出的聲音大小也是一個重要考量。不只是要儘量選擇號稱靜音的機型，也要到賣場實際試用看看，仔細研究後再決定選購哪一台。

5 在有專業店員的商店購買

現在可以從網路上購買到各式各樣的縫紉機，但如果只看圖片或影片展示，其實很難了解實物的大小、重量以及使用起來是否順手。請儘可能前往有實體機器展示的店家挑選，並請教知識豐富的店員以得到更多寶貴的建議，才能挑選到真正適合你的機型。

第1章 縫紉機的基礎

選購縫紉機的五個重點

縫紉機的各部位名稱與功能

一開始，請先記住縫紉機各部位的名稱和功能吧！依照品牌和機型不同，功能和按鍵位置會有一些差異，但基本構造都是相同的。

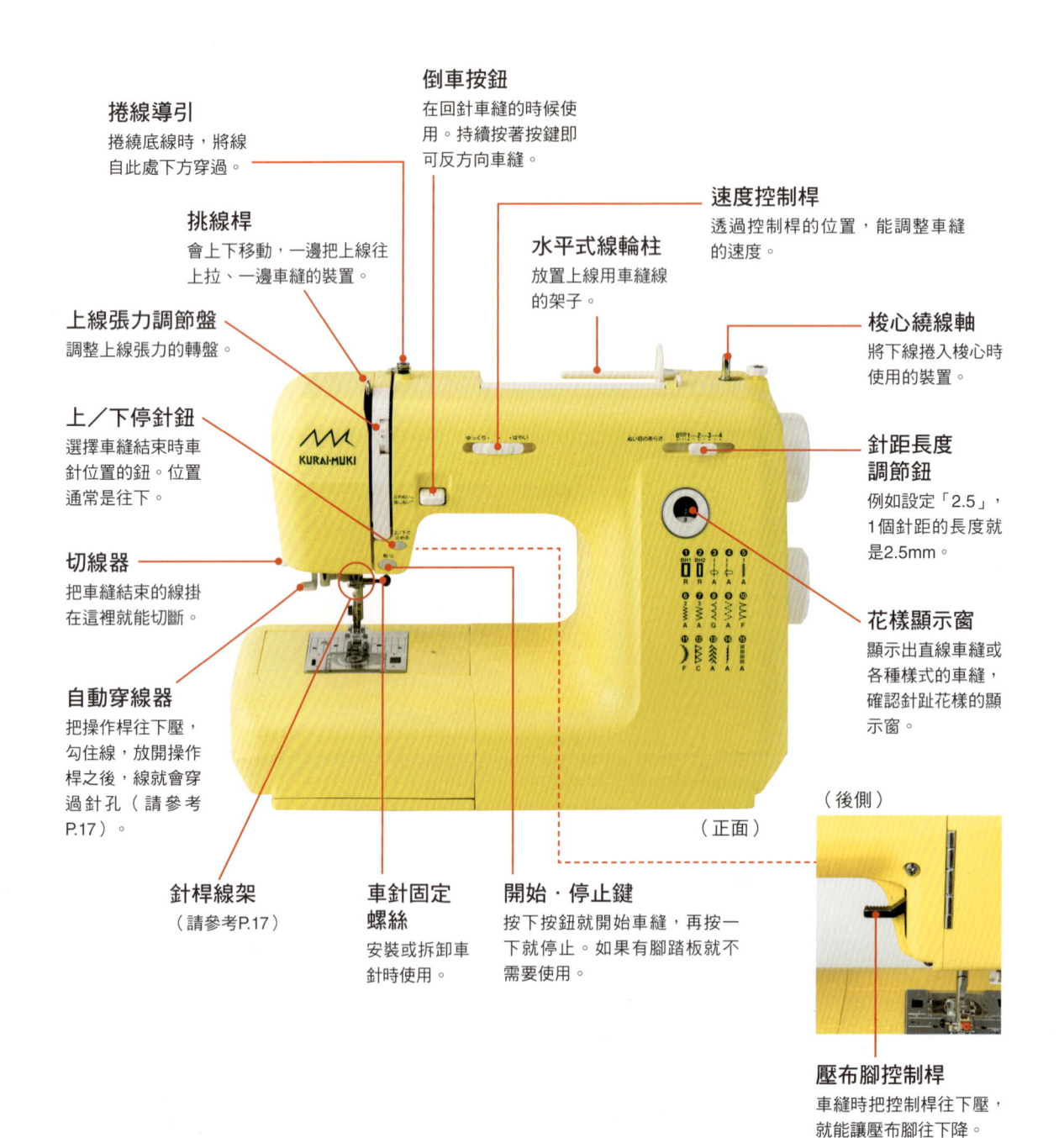

捲線導引
捲繞底線時，將線自此處下方穿過。

倒車按鈕
在回針車縫的時候使用。持續按著按鍵即可反方向車縫。

挑線桿
會上下移動，一邊把上線往上拉、一邊車縫的裝置。

水平式線輪柱
放置上線用車縫線的架子。

速度控制桿
透過控制桿的位置，能調整車縫的速度。

上線張力調節盤
調整上線張力的轉盤。

梭心繞線軸
將下線捲入梭心時使用的裝置。

上／下停針鈕
選擇車縫結束時車針位置的鈕。位置通常是往下。

針距長度調節鈕
例如設定「2.5」，1個針距的長度就是2.5mm。

切線器
把車縫結束的線掛在這裡就能切斷。

花樣顯示窗
顯示出直線車縫或各種樣式的車縫，確認針趾花樣的顯示窗。

自動穿線器
把操作桿往下壓，勾住線，放開操作桿之後，線就會穿過針孔（請參考P.17）。

針桿線架
（請參考P.17）

車針固定螺絲
安裝或拆卸車針時使用。

開始・停止鍵
按下按鈕就開始車縫，再按一下就停止。如果有腳踏板就不需要使用。

（正面）

（後側）

壓布腳控制桿
車縫時把控制桿往下壓，就能讓壓布腳往下降。

10

壓布腳壓力調節桿
改變壓布腳壓力的拉桿。如果布比較厚則可加強壓力,就能車縫得更牢固。

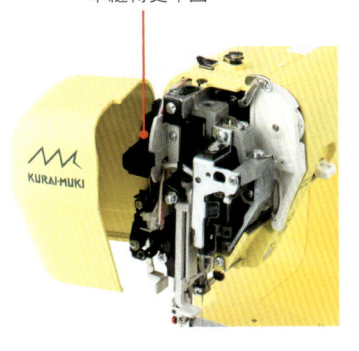

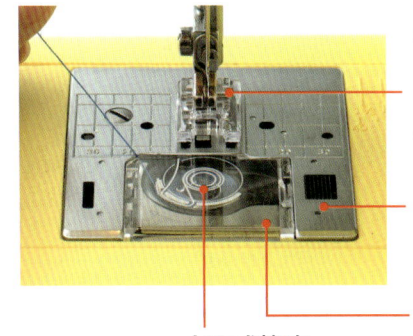

壓布腳
車縫時可把布壓住,有好幾個種類(請參考P.29)。用壓布腳控制桿來移動上下位置。

針板
附有刻度,在車縫時具有引導功能。

針板蓋
透明的塑膠蓋板,打開蓋子後可安裝梭心。

水平式梭床
安裝梭心(請參考P.13)的地方。

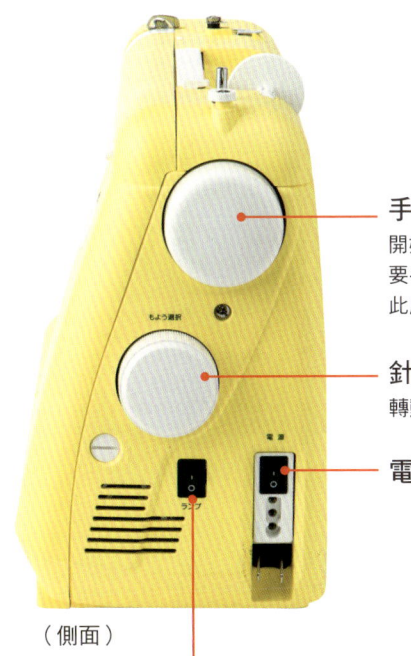

手輪
開始車縫時要轉動的裝置。想要手動車縫的時候,可以轉動此處來移動車針。

針趾花樣選擇轉盤
轉動即可選擇想要車縫的花樣。

電源

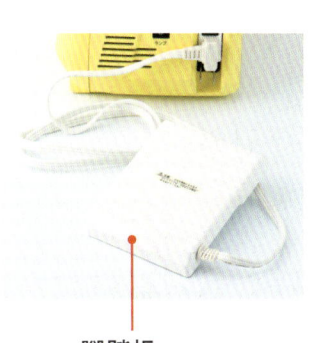

腳踏板
藉由腳踩來開始車縫,腳離開則停止。下踩的力道大小可以調整車縫速度。

(側面)

照明燈開關
可照亮車針位置的燈光開關。

延長輔助板(擴展台)
安裝之後,作業空間會變寬廣,方便車縫大型作品。

第1章 縫紉機的基礎

縫紉機的各部位名稱與功能

11

縫紉機的針、線和梭心

配合布料使用粗細不同的車針與機縫線，是達成完美車縫的基本原則。車縫厚布料使用粗針和粗線，車縫薄布料則使用細針和細線。

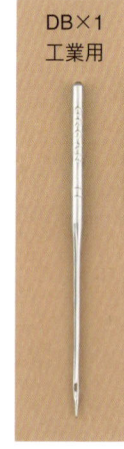

HA×1 家庭用

DB×1 工業用

●家庭用車針和工業用車針

市售的縫紉機車針可分為「家庭用」和「工業用」兩種。家庭用車針的上部是平的，工業用車針則是圓柱狀。家庭用車針外包裝的標記是「HA×1」，工業用車針則是「DB×1」，注意不要買錯了。

9號　　11號　　14號

●車針的粗細

9號、11號、14號車針最常用，只要準備這三種車針，即可車縫大部分的布料。數字愈小的車針愈細，適用於薄布料。如果是車縫特別厚的布，建議使用16號車針。

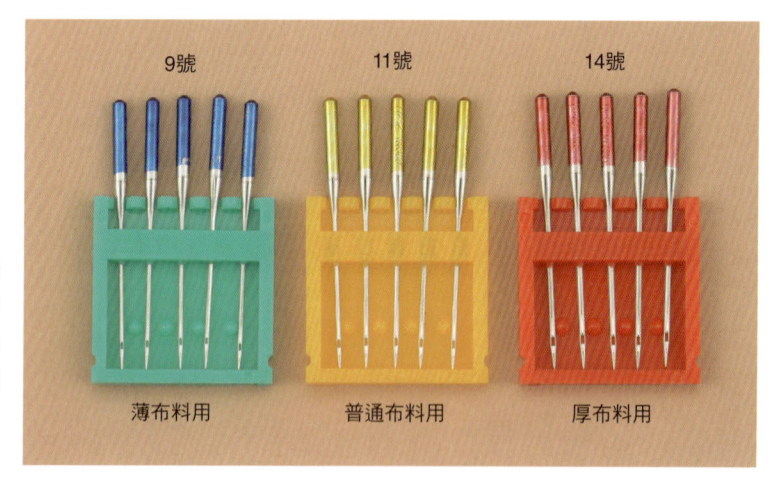

薄布料用　　普通布料用　　厚布料用

KURAI・MUKI Point

針織布專用的車針

如果用普通的車針縫針織布，車縫線可能會不穩定。比起普通的車針，使用針尖較圓的針織布專用車針，能夠在不傷纖維的情況下完成車縫。

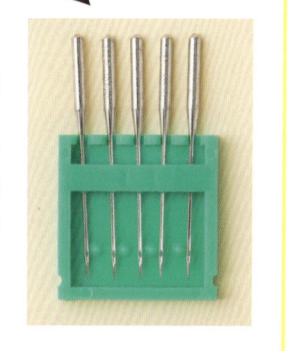

12

布的厚度	布的種類	車針的粗細	車縫線	針距長度※（實物大）
薄布	巴里紗 蟬翼紗 府綢布 等等	9號	90號	1.5～2.4mm
普通布	細棉布 被單布 雙層紗 亞麻布 等等	11號 （或是14號）	60號	2.4～2.8mm
厚布	牛仔布 鋪棉布 帆布 燈芯絨布 等等	14號 （或是16號）	60號 或是 30號	2.8～3.5mm

● 一般疏縫、抽皺褶的針距約2.8～4mm
● 寬大疏縫的針距約4～5mm
※如果縫紉機無法調整至指定針距，請選擇最接近的長度

老師，我有疑問！

布料是一般厚度，但想要使用比較粗的30號線車縫線來壓線裝飾，車縫針要配合布料還是線的粗細呢？

A 請配合線的粗細選擇車針。

車針上有直向的細溝槽，將線嵌入這個溝槽之中，就能車縫出漂亮的縫線。如果是一般厚度的普通布料，通常使用11號針。但在這種情況下，請使用與30號線粗細相匹配的14號針。

車縫的時候，線會嵌入針的溝槽裡。

線太粗而嵌不進針的溝槽裡，車縫時容易發生問題。

●梭心

捲下線的梭心有好幾個種類。即使形狀看起來差不多，但是依縫紉機廠牌或機種的不同，直徑和高度會有所差異，如果和縫紉機不合，就無法順利車縫。購買縫紉機時會附上該機種適用的梭心，如果要自行添購，請務必確認縫紉機型號再購買。

各式各樣的梭心，直徑和高度都不同。

第1章 縫紉機的基礎

縫紉機的針、線和梭心

車縫前的準備事項

首先安裝車針，接著準備下線，最後把上線穿好。把線用正確的步驟穿好，能預防車縫時引起的問題。以下是正式車縫前的準備步驟，依縫紉機機種不同會有些微差異，使用前請務必閱讀使用說明書。

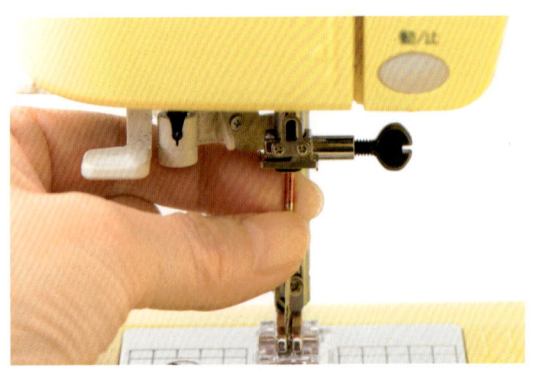

1 安裝車針

1 車針上方圓弧的部分朝向自己，扁平的那一面朝向後，以這個狀態垂直往上插入。

2 將針插到底，上方要頂到插不進去為止，旋轉右手的螺絲，牢牢鎖緊。

KURAI・MUKI Point

車針扁平的部分要朝向後面

車針的安裝方式弄錯的話，就會產生車針彎曲等問題。確認車針上方扁平的那一面朝向後面，正確地安裝。

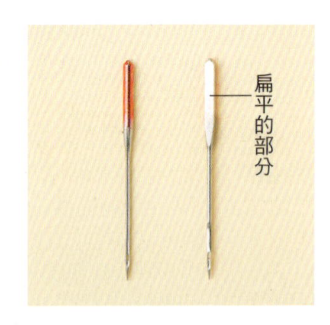

扁平的部分

車針要牢牢插入到最底部的位置

安裝車針的時候，如果沒有插到最裡面，車縫時容易發生「跳針」（請參考P.23）。

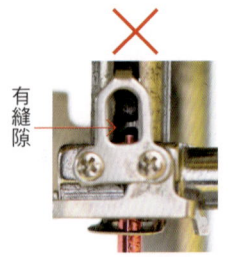

× 有縫隙　　○

沒有插入到最底部的位置。　　牢牢插入到最底部的位置。

2 捲下線

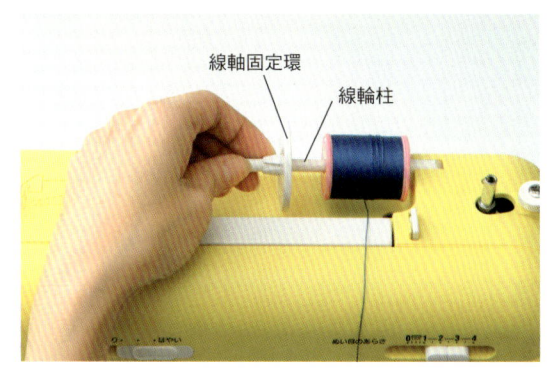

1 將要捲下線的機縫線插入線輪柱,用線軸固定環固定好。

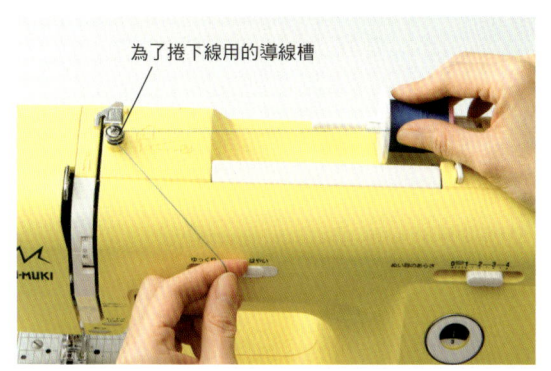

（線軸固定環／線輪柱）

2 用手把機縫線輕輕壓住,把線穿過導線槽。

（為了捲下線用的導線槽）

3 從內側把線穿進梭心上方的穿線孔,把梭心安裝在捲線軸上,向右推,讓梭心轉動。

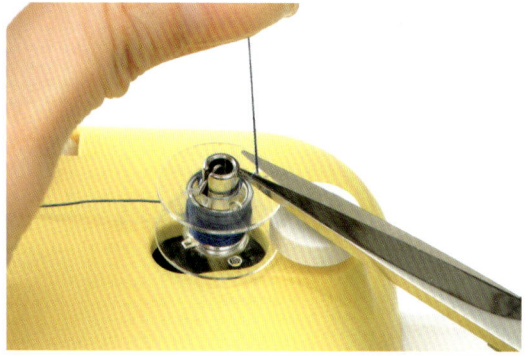

（向右推）

4 按下開始‧停止鍵（或是踩下腳踏板）,稍微捲1～2秒後暫停捲線,把穿過穿線孔的線頭剪掉。

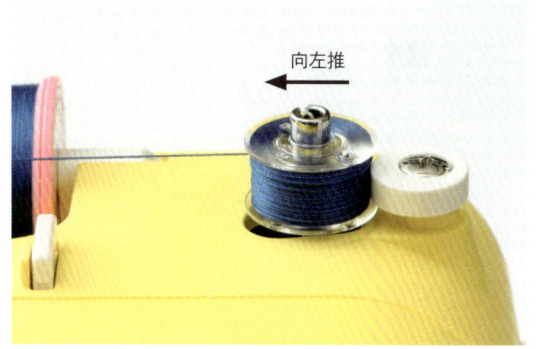

5 再次開始捲動,一直捲到自動停止為止。捲線完成後把線剪斷。把梭心向左推,然後把梭心拆下來。捲線軸一定要推回原位,不然的話,縫紉機不會動。

（向左推）

KURAI‧MUKI Point
正確安裝後才能開始捲下線

如果線沒有穿過導線槽,或是穿錯地方,隨便把線繞在梭心上的話,就無法將下線捲得整齊漂亮。下線如果沒有捲均勻,車縫時容易發生問題（處理方式請參考P.22）。

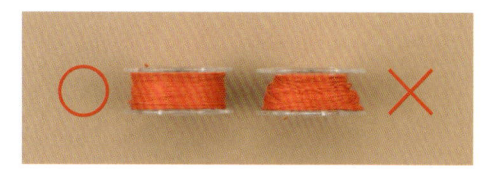

第1章 縫紉機的基礎　車縫前的準備事項

3 安裝下線

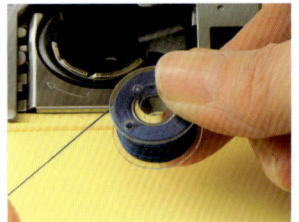

1 從梭心拉出5～6cm的線頭。

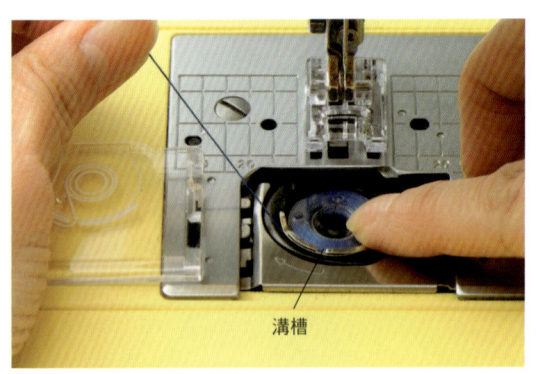

2 拿著拉出來的線,把梭心裝入水平梭床中,把線卡進水平梭床的溝槽裡。

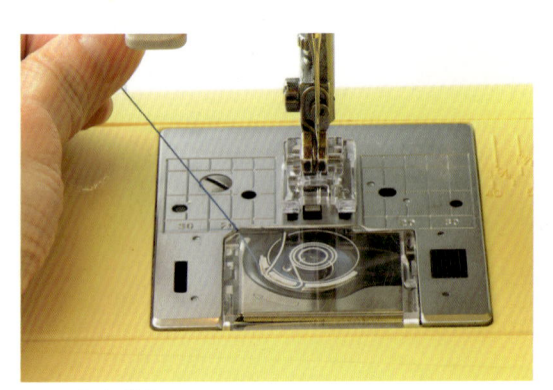

溝槽

3 蓋上蓋板。

KURAI・MUKI Point
確認下線是否有正確安裝

一手輕輕拉出下線,此時水平梭床的梭心如果往逆時針方向轉動的話,表示安裝正確。

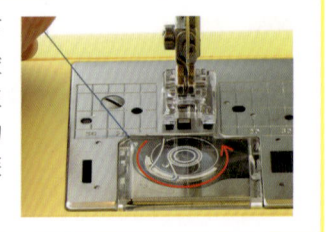

4 安裝上線

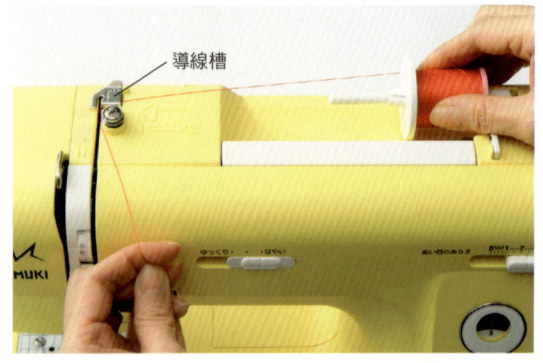

1 一邊壓著線輪,一邊拉線頭,把線勾進導線槽裡。

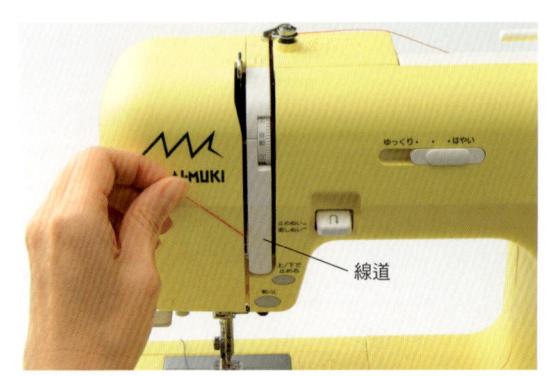

導線槽

2 把線穿過線道。

線道

3 把壓布腳往上抬,把手輪往自己的方向轉,讓挑線桿抬高到最上方,把線穿過去。

挑線桿

16

第 1 章 縫紉機的基礎

車縫前的準備事項

4 把穿過挑線桿的線直直往下拉。

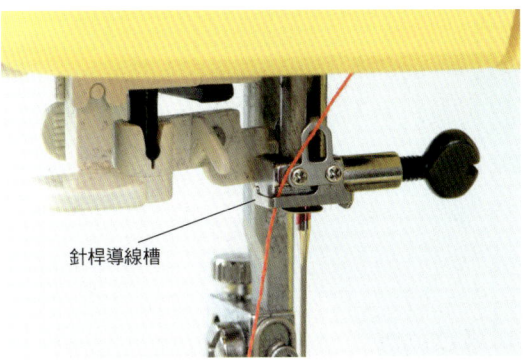

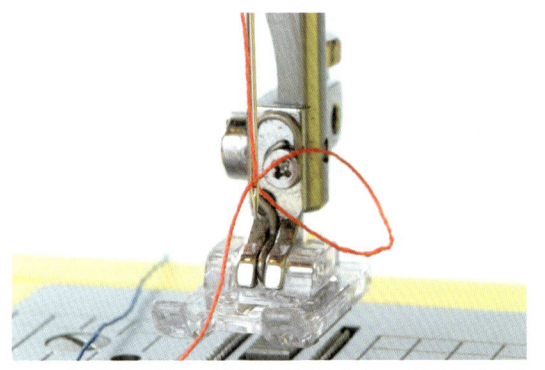

2 放開拉桿後，線就會穿過車針。把線頭從針孔中拉出來。

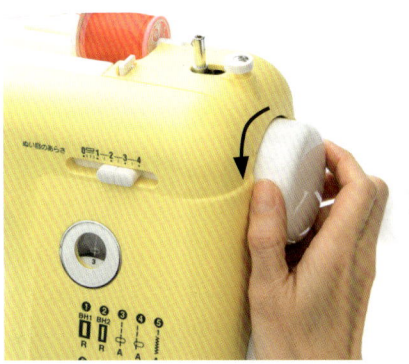

針桿導線槽

5 把線穿過針桿導線槽

3 左手拉著線頭，右手把手輪往自己的方向轉動。這樣做，下線就會被上線勾住，可將下線拉出。

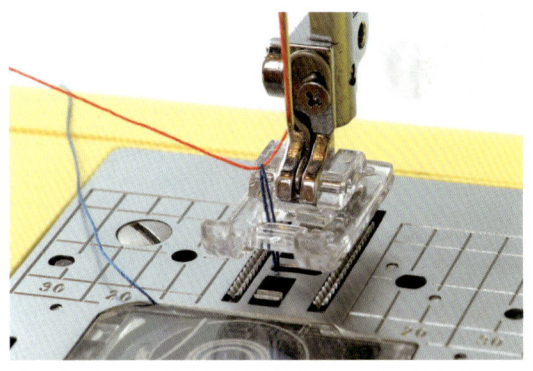

5 把線穿過車針

4 下線被上線勾上來的狀態。將下線拉出5～10cm之後，和上線放在一起，往壓布腳的後側拉出。

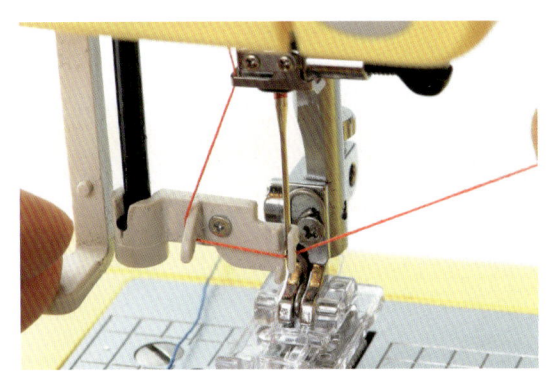

1 手輪往自己的方向轉動，讓針上升到最高處，把自動穿線器的拉桿往下，把線由前往後穿過去。
※9號的車針較細，無法使用自動穿線器，因此要用手穿線。

車縫時的姿勢

用正確的姿勢縫製，不僅不容易累，還能輕鬆完成車縫。身體應該要對齊縫紉機的哪個位置？如何踩腳踏板比較省力？請在此確認這些基本事項。

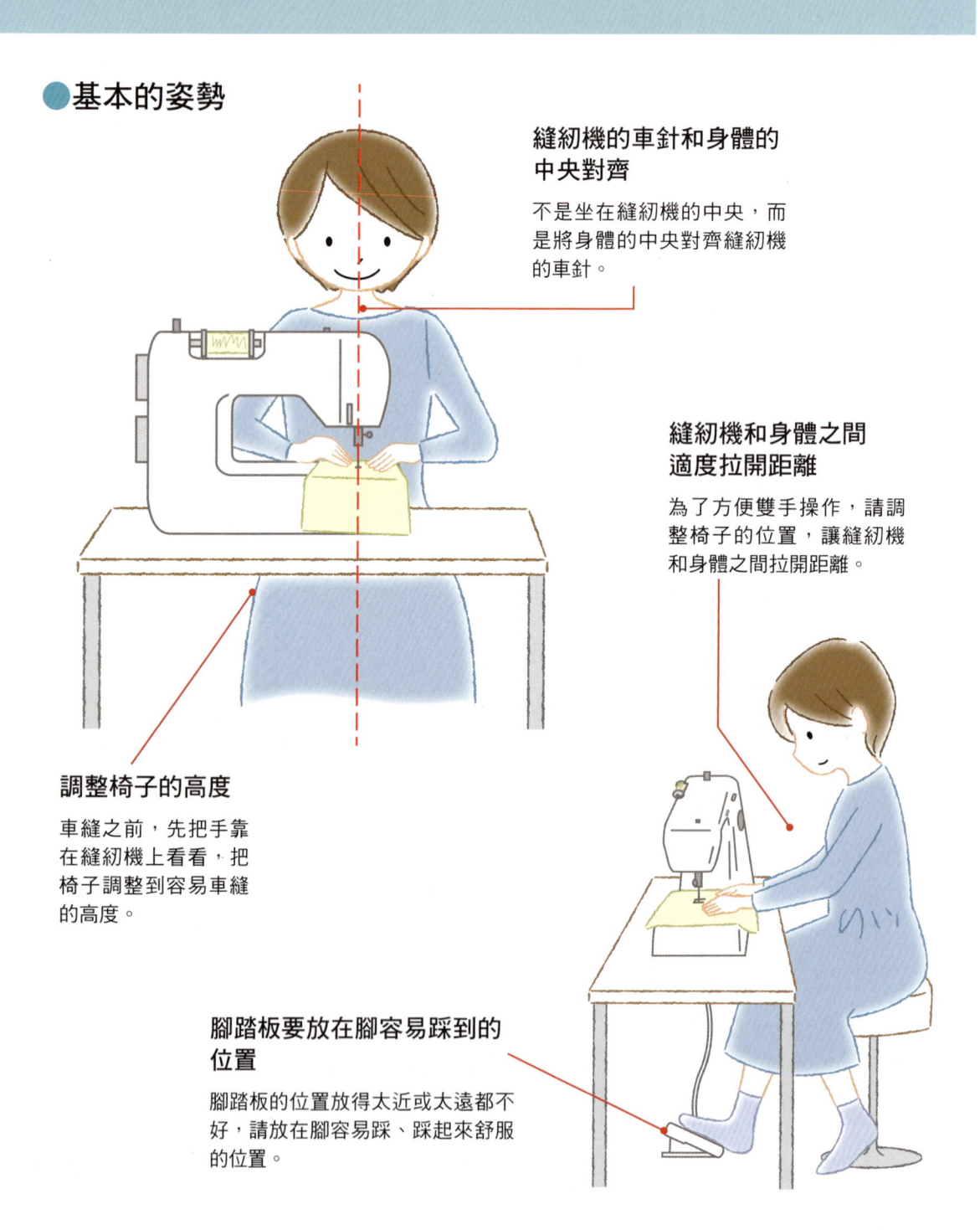

● **基本的姿勢**

縫紉機的車針和身體的中央對齊

不是坐在縫紉機的中央，而是將身體的中央對齊縫紉機的車針。

縫紉機和身體之間適度拉開距離

為了方便雙手操作，請調整椅子的位置，讓縫紉機和身體之間拉開距離。

調整椅子的高度

車縫之前，先把手靠在縫紉機上看看，把椅子調整到容易車縫的高度。

腳踏板要放在腳容易踩到的位置

腳踏板的位置放得太近或太遠都不好，請放在腳容易踩、踩起來舒服的位置。

●用腳踏板進行車縫

踩下腳踏板就會開始進行車縫。為了能輕鬆用腳尖輕鬆踩踏，要如右圖一樣放置腳踏板。開始車縫時要慢慢下踩，如果太用力踩的話，速度就會突然變快。結束車縫之前，腳放鬆以減慢車縫的速度，腳一旦停止踩踏，縫紉機就會停止動作。

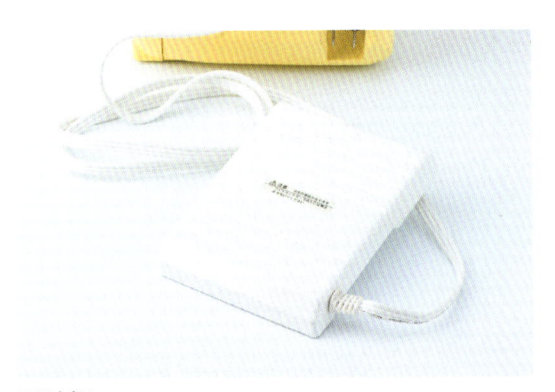

慢 ↑
↓ 快

腳踏板

腳踏板
通常購入縫紉機時都會附上腳踏板，也有部分機型需要另外添購。

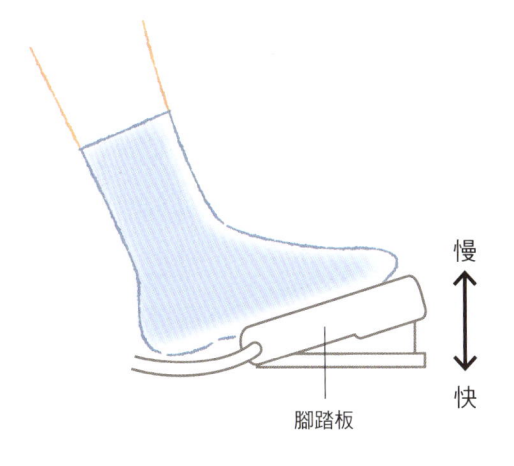

KURAI・MUKI Point
一邊調整速度，一邊車縫

只要有腳踏板，開始車縫、結束車縫以及車縫速度都能用腳來控制，雙手能確實壓好布料，專心車縫。遇到布料較厚、有弧度等車縫難度較高的情況時，也可以藉由腳踩來減慢車縫速度，只要熟悉了如何運用腳踏板，車縫起來會更輕鬆。

●用開始・停止鍵進行車縫

把布放置好，按下開始・停止鍵就會開始車縫，再按一次就會停止車縫。如果不使用腳踏板，在開始車縫和結束車縫時，都必須於「正在車縫」的狀態下按下布料上方的按鍵，因此慢慢車縫會比較安全。

開始・停止鍵

KURAI・MUKI Point
初學者更要放慢速度

使用開始・停止鍵進行車縫時，放慢速度是基本原則。首先，將縫紉機的速度控制鈕設置為「慢速」，先讓自己熟練此操作技巧再加快速度。

速度控制鈕

第1章 縫紉機的基礎

車縫時的姿勢

正式車縫之前的試車

正確安裝好上線和下線後,準備一塊實際要車縫布料的碎布,進行「試車縫」,以確認縫紉機的設定是否理想。在正式開始進行車縫之前,請勿略過此步驟。

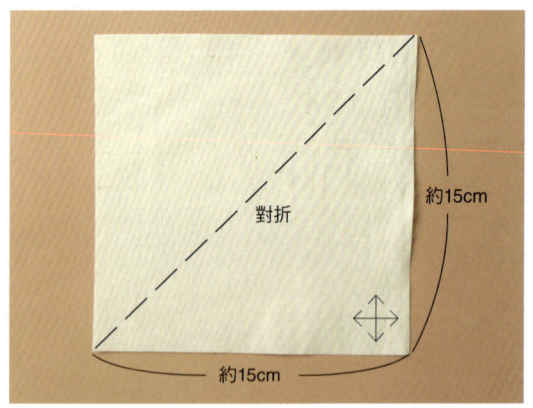

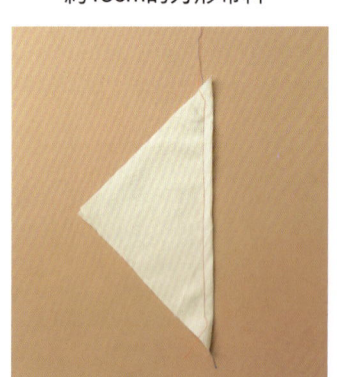

1 從實際要車縫布料的剩布之中,裁一塊長寬約15cm的方形布料。

2 把步驟1摺成三角形,車縫邊緣。試車縫要像這樣,在布料的「斜布紋」位置進行車縫。

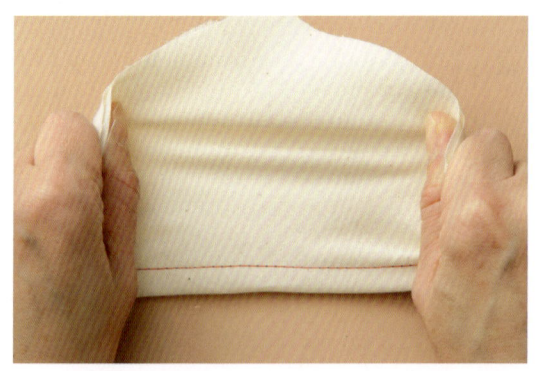

3 把縫線往兩側拉。如果縫線沒有斷裂,或是上線和下線同時斷掉的話,表示上下線的張力一致。

● 某一邊的線斷掉就需要調整

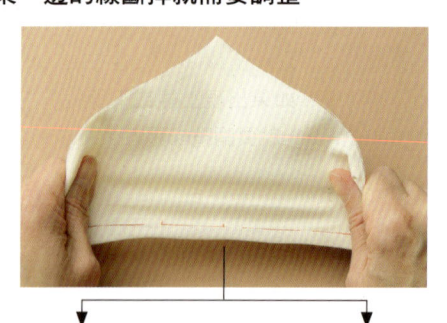

上線斷掉
因為上線的張力比較緊,所以要把線張力調節盤的數值調小,把上線放鬆。

往上轉 把調節盤

下線斷掉
因為上線的張力比較鬆,所以要把線張力調節盤的數值調大,讓上線變緊。

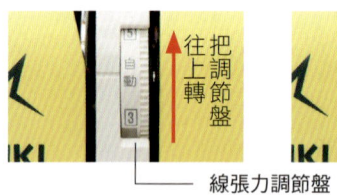

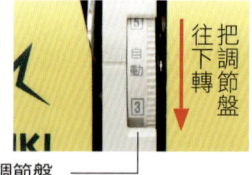

往下轉 把調節盤

線張力調節盤

KURAI・MUKI Point

不要忽略試車縫!

為了車縫出漂亮整齊的縫線,試車縫是很重要的步驟。因為縫紉機的線張力要根據布料或縫線來改變,所以在每一次更換線或布的狀況下,都請務必要試車縫。

拉拉看縫線位置,好壞一目瞭然!

只用眼睛看,很難知道上線和下線的張力是否協調。確認的方式是像左圖一樣,把車縫好的縫線往兩側拉,如果線沒有斷掉,或是上線和下線同時斷掉的話,就表示線張力正確。

縫紉機常見問題排解

縫紉機運轉不順暢，一定是有哪裡出了問題。首先要了解問題的原因，嘗試自己排除故障。如果試過之後仍無法解決，請聯絡縫紉機專賣店。

●線張力不良

正常的線張力如右圖，上線和下線在布中央交叉的狀態。如果出現上線或下線拉直而浮線的情況，就要調整線張力。

正常的線張力

剖面圖

上線
下線

上線和下線在布的中央交叉。

【上線拉直】

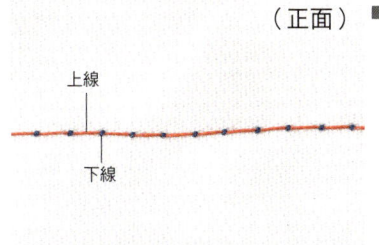

（正面）

上線
下線

上線的縫線緊緊拉直成一直線，下線一粒粒地突出來。

剖面圖

上線
下線

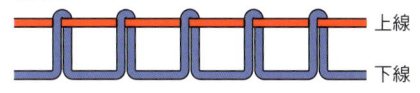

➡ **上線太緊**

處理法 轉動線張力調節盤，把調節盤的數值調小，放鬆上線。

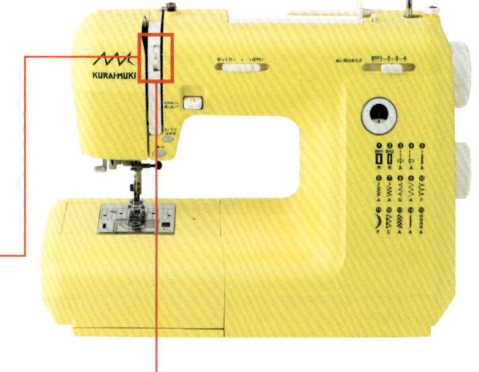

往上轉 把調節盤

【下線拉直】

（反面）

上線
下線

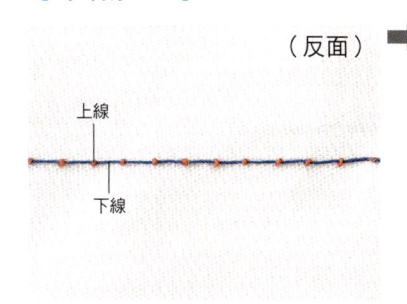

檢查車縫好的反面，發現下線的縫線緊緊拉直成一直線，上線一粒粒地突出來。

剖面圖

上線
下線

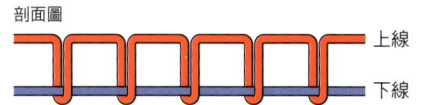

➡ **上線太鬆**

處理法 轉動線張力調節盤，把調節盤的數值調大，拉緊上線。

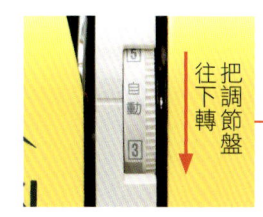

往下轉 把調節盤

●車針斷掉

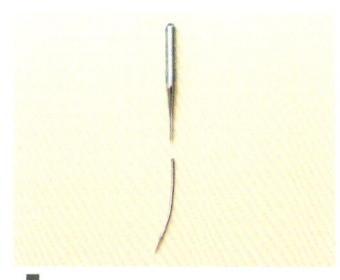

車針的安裝方式錯誤
處理法 正確地安裝車針（請參考P.14）

使用太細的車針車縫厚布，車針就彎了
處理法 裝上適合布和線的車針（請參考P.13）

第1章 縫紉機的基礎

正式車縫之前的試車

縫紉機常見問題排解

21

●線在反面絞在一起

➡ **壓布腳沒有放下來**
處理法 把壓布腳放下來後再車縫

(反面)

放下壓布腳，確實把布壓好，就能穩定地車縫。

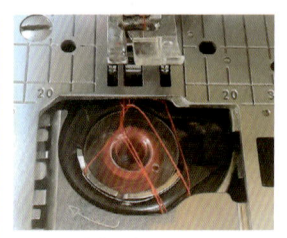

壓布腳沒有放下來就車縫的話，下線就會絞成一團，所以梭心也需要重新安裝。

➡ **下線沒有正確安裝在水平梭床中**
處理法 正確地安裝下線。
處理法 重新捲下線。

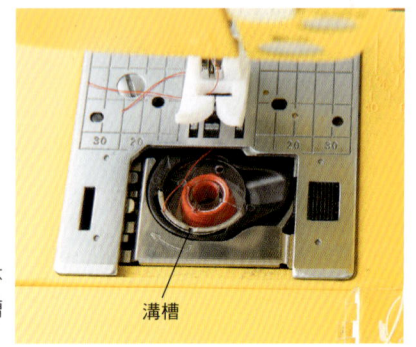

重新安裝梭心時，不要忘了把線勾進溝槽的部分。

溝槽

●下線無法漂亮整齊地捲在梭心上

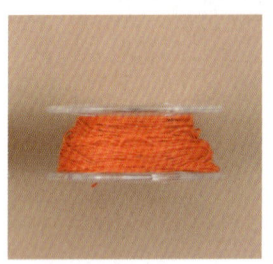

➡ **線沒有勾在導線槽上**
處理法 把線好好地勾在導線槽的最裡面。

捲下線用的導線槽

上圖為下線沒有均勻捲在梭心上的狀態。

KURAI・MUKI Point
一邊用手導線，一邊捲線

即使線有勾在導線槽上，仍無法捲得整齊的話，可用一根手指頭輕輕抓著線頭，一邊讓線上下動作、一邊捲到梭心上，這樣就可以捲得很均勻。

●縫線的針距大小不一樣（跳針）

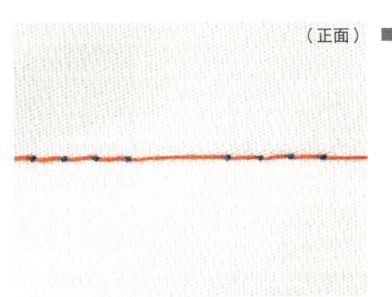

（正面）

檢查縫線，發現有不少因為跳針而沒車縫到的地方。像這樣針距大小不一樣的狀況，就稱為「跳針」。

➡ **車針安裝的方式不正確**
處理法 正確地安裝車針。

車針彎曲、針尖損壞
處理法 換裝新的車針。

穿上線的方式錯誤
處理法 再次從頭開始重新穿線。

KURAI・MUKI Point
試著更換新的車針

車針的彎曲或針尖的損壞，有時用肉眼是看不清楚的。可用手指摸摸針尖，確認有沒有粗粗的感覺。車縫時如果感到不太順暢，也許換新的車針就能解決問題。

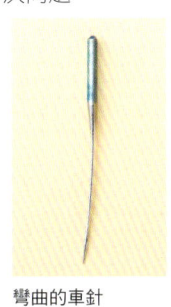

彎曲的車針

●上線斷掉

➡ **上線的張力太緊**
處理法 轉動線張力調節盤，把調節盤的數值調小，放鬆上線。

上線沒有正確穿好
處理法 再次從頭開始重新穿線。

車針安裝的方式錯誤
處理法 如果是家用縫紉機，把針頭扁平的部分朝向後面，重新安裝。

線太舊而劣化了
處理法 更換成新的車縫線。

對車針而言，用了太粗的線進行車縫
處理法 更換成適合布的車針和線（請參考P.13）。

●下線斷掉

➡ **下線的梭心安裝方式不正確、梭床裡有線頭殘留**
處理法 把梭心取出，確認梭床。

梭床

梭床裡面可能有殘留的線頭而導致故障，這裡也要確認一下。

KURAI・MUKI Point
排除故障的基本，從重新安裝車針開始

當縫紉機發生問題，大部分都是因為車針安裝錯誤或穿線的方式不對。請不要怕麻煩，首先請試著重新安裝車針，再次從頭開始穿線，下線的梭心也重新安裝看看。車縫的時候，如果縫紉機的運轉聲突然變得不一樣，就是問題即將發生的徵兆。不要勉強繼續車縫，先停下來確認一下吧！

第1章 縫紉機的基礎

縫紉機常見問題排解

基本的車縫方法

開始車縫和結束車縫時,為了避免縫線鬆脫,都需要進行倒車。以下詳細介紹「車縫直線」、「車縫直角」、「車縫曲線」以及「車縫圓筒狀」等車縫法。

●開始車縫和結束車縫

一般來說,「開始車縫」和「結束車縫」都需要倒車3～4針,避免脫線。

開始車縫
在相同的線跡上倒車3～4針,線就不會脫落。

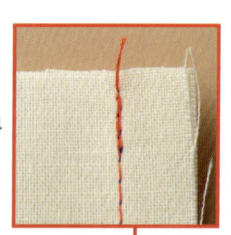

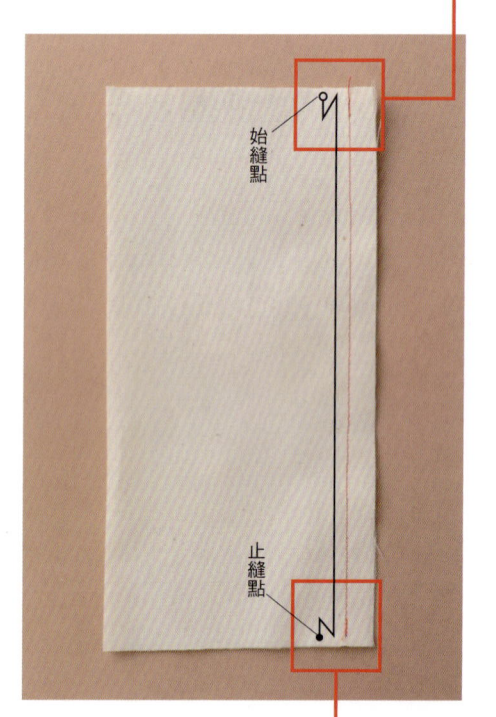

始縫點

止縫點

結束車縫
在距離布邊0.5cm處(大約3針的程度)前先暫停,倒車3～4針,再繼續往下車縫到邊緣。

0.5cm

●開始車縫前的確認工作

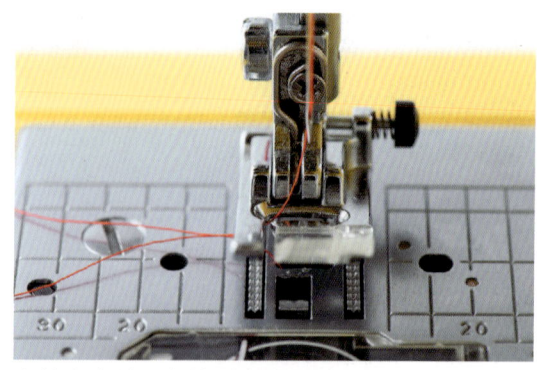

在放布之前,上線要穿到壓布腳的下方往後拉,才能開始車縫。線頭至少要往後拉出7cm。

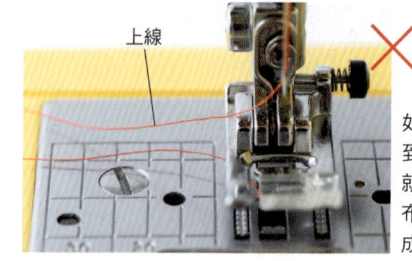

上線

如果上線沒有穿到壓布腳的下面就開始車縫,在布邊的線會糾結成一團。

●進行車縫時的雙手位置

左手放在車針的旁邊,右手放在車針的前面,配合縫紉機的速度,把布由前往後送。

●開始車縫到結束車縫的流程

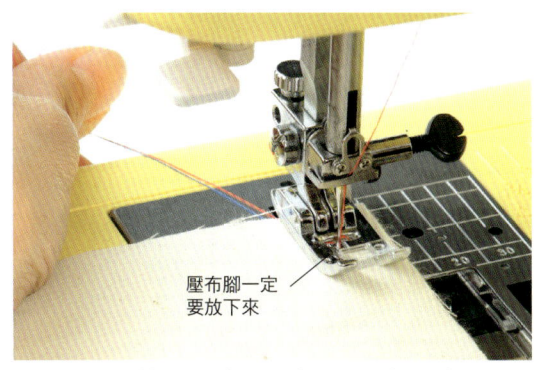

壓布腳一定
要放下來

1 把縫紉機的上線和下線聚在一起,穿到壓布腳的下方往後拉,把手輪往自己的方向轉動,從距離布邊的0.5cm處把針放下來。放下壓布腳,開始車縫時,用左手拉著線頭,車縫2～3針。

KURAI・MUKI Point
**開始車縫時,
車針要從距離布邊0.5cm處放下來**

如果從太接近布邊的地方開始車縫的話,布邊有可能被縫紉機針板的孔吃進去,布邊會呈現扭曲的狀態。

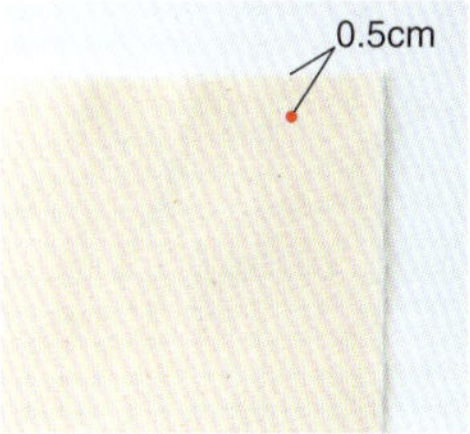

0.5cm

〔開始車縫的流程〕
首先從距離布邊
0.5cm內側處放下車針
↓
車縫2～3針
↓
倒車3～4針
↓
正向開始車縫

止めぬい
返しぬい
上/下で
止める

2 一邊按下倒車鍵(按住不放),一邊往反方向車縫3～4針。

3 把手從倒車鍵放開,繼續往下車縫。在結束車縫時,要和開始車縫一樣,倒車3～4針。

●結束車縫和切斷線的方法

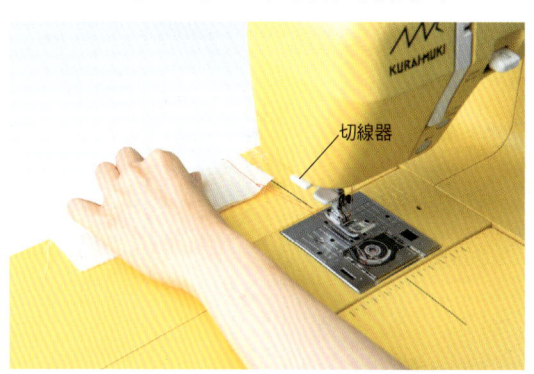

切線器

把壓布腳和車針往上抬,把布往後側拉,用切線器把線切斷。請勿用蠻力把布往前拉扯,否則車針會斷掉或彎折,成為發生問題的原因。

KURAI・MUKI Point
**倒車時要在1cm以內
重疊縫線**

倒車時要在原來的線跡上車縫3～4針,讓縫線重疊在一起,成品才會漂亮。

× ○

第1章 縫紉機的基礎

基本的車縫方法

25

●維持固定寬度的車縫方法

【使用針板的刻度】

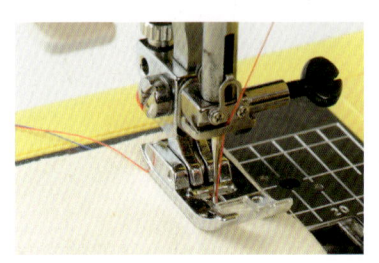

把布邊對準針板上的刻度進行車縫。

導縫定規器
背面裝有磁鐵,能吸附在縫紉機的鐵製針板上。

【使用導縫定規器】

在布的始縫點放下車針,把磁鐵式的導縫定規器沿著布邊放置。把布邊靠著定規器進行車縫,就能車縫出寬度相同的直線。

【使用L型厚紙板】

把大約和明信片相同厚度的厚紙板切割成2cm的正方形,對折成L型。在布的始縫點放下車針,把厚紙板沿著布邊靠著,用膠帶貼好。

●直角的車縫法

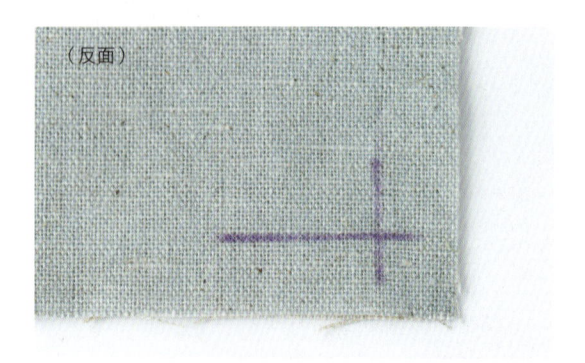

(反面)

1 在直角的位置把針放下之後,再轉換方向。為了能夠清楚辨識要轉換方向的位置,在直角的部分先用消失筆畫上記號。

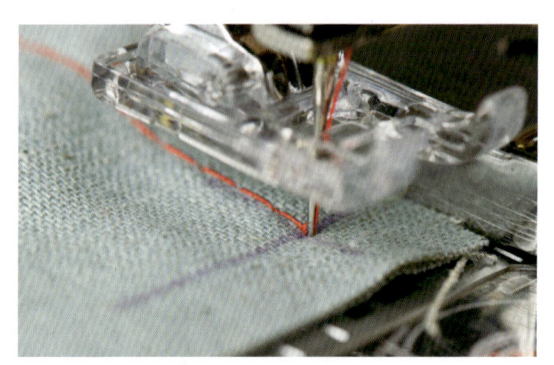

2 車縫到直角記號的位置前先暫停,用手轉手輪進行車縫,讓車針在直角處降到下面的狀態下,把壓布腳往上抬。

KURAI・MUKI Point

直角處要用手輪進行車縫

為了能在直角記號處停止車縫,一定要在快到直角前先停下來,再一邊用手輪往自己的方向轉,一針一針地慢慢車縫。

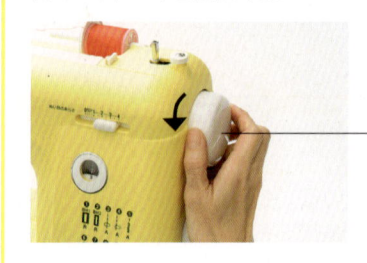

把手輪往自己的方向轉動

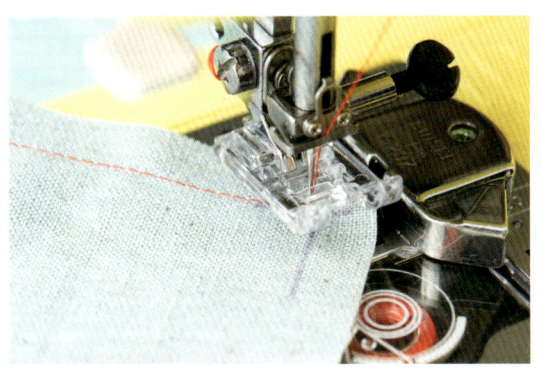

3 轉布，改變車縫的方向。

●曲線的車縫法

放慢車縫的速度，一邊用錐子壓著車針的前方，一邊儘量把布轉向車針行進的方向進行車縫。

●圓筒狀的車縫法

袖口或袋口等圓筒狀部位，重點是要從內側車縫。每車縫幾針就停一下，把要車縫的部分放平，一邊移動布料、一邊慢慢車縫。

●縫線的拆除法

車錯的時候，可使用以下方法來拆除縫線。

【裁縫拆線刀】

用拆線刀的尖端勾住縫線再割斷。注意不要割到布。

【錐子】

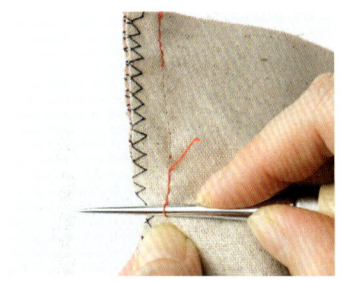

把錐子插入縫線和布料之間，一點一點地把線切斷後拔出來。

KURAI・MUKI Point
善用「巧臂」功能，讓筒狀車縫變簡單

把縫紉機針板周圍的工具盒拆卸下來，就會形成「巧臂」的狀態。如果使用附有這個機能的縫紉機，可以把布翻到反面，把圓筒狀的部位穿在巧臂上，就能輕鬆車縫。但是，如果不是褲子的褲口或領子等比較大的圓筒狀（圓周30cm以上），就無法使用巧臂功能。

第1章 縫紉機的基礎

基本的車縫方法

珠針的使用方法

珠針是為了不讓相疊的布錯位,先暫時固定住的工具。為了車縫更加順利,請學會不讓布料位置跑掉的的珠針固定法。

1 畫好車縫線記號之後,在車縫線的上方,把針垂直刺進布裡。

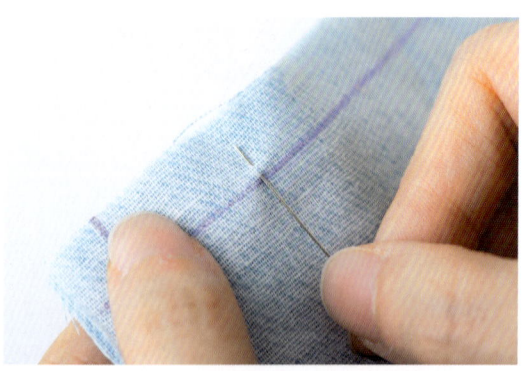

2 稍微挑起另一端的布面,把針往上戳出。

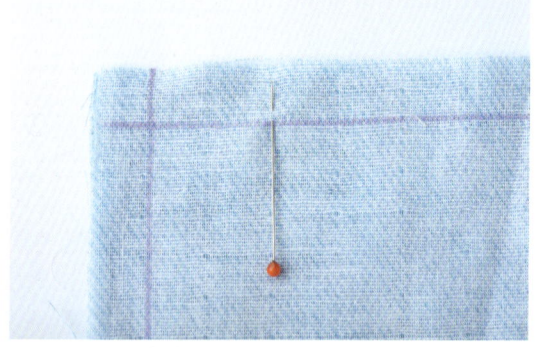

3 上圖為珠針插好的狀態。別好的珠針要與車縫線呈垂直。

正確使用珠針是很重要的事。如果珠針呈斜向插入,或是挑起太多布料的話,布就會位移,都是錯誤的固定方式。另外,不要使用已彎曲損壞的珠針。

KURAI‧MUKI Point

珠針從布的內側或是外側插都可以

從布的外側往內側插珠針的話,車縫的時候方便用右手拔除珠針;如果是從內側往外側插的話,珠針的頭比較不會被其他物品勾到而掉落,車縫時比較安心。兩個方法都可以,只要選擇自己順手的方式即可。珠針拔除的時機,是珠針快要碰到壓布腳之前為基準。

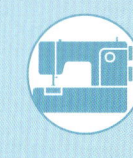

選擇正確的壓布腳

壓布腳是縫紉機的重要配件，除了基本車縫的壓布腳之外，在車縫布邊、隱形拉鍊或皮革等特殊布料時，都需要更換壓布腳。請依照縫紉機品牌和型號選購，並根據以下的說明正確使用。

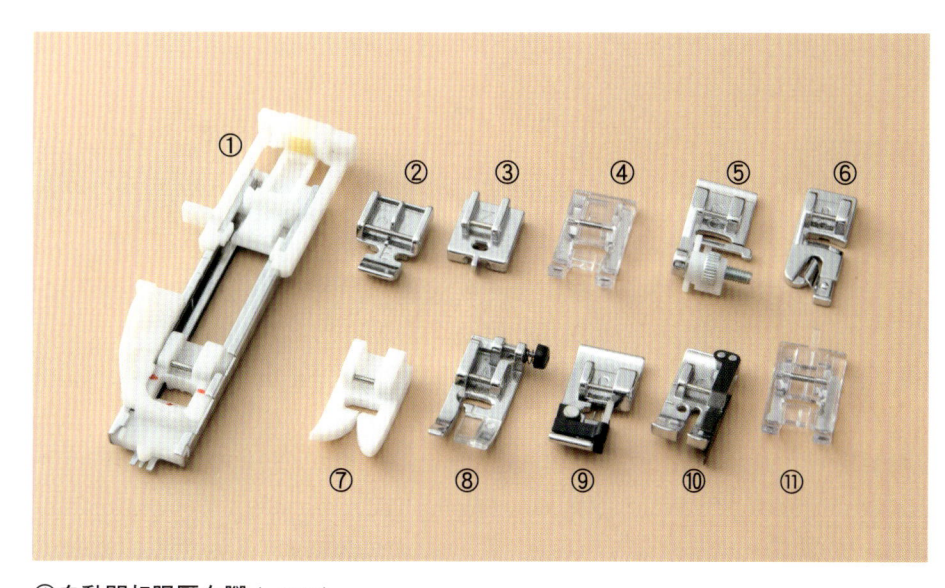

①自動開扣眼壓布腳（→P.33）
把扣子放上去即可完成開扣眼的動作。

②拉鍊壓布腳（→P.32）
能沿著拉鍊的鍊齒（請參考P.116）車縫。

③隱形拉鍊壓布腳（→P.32）
把隱形拉鍊的鍊齒扣在壓布腳的溝槽裡進行車縫。

④透明壓布腳
可以一邊車縫一邊看到車針的位置。

⑤暗針縫壓布腳（→P.33）
把裙子或褲子的下襬往上收時使用。

⑥捲邊壓布腳（→P.31）
一邊把布邊捲成極細的三摺邊，一邊車縫。

⑦鐵氟龍壓布腳（→P.31）
用於車縫合成皮或防水布等不容易滑動的布料。

⑧基本壓布腳（→P.11）
車縫一般布料的時候使用。

⑨布邊接縫壓布腳（→P.30）
快速接縫容易脫紗的兩片布料，或是進行鎖邊縫時使用。

⑩7mm直線壓布腳（→P.30）
用於壓線或是拼接縫合，在距離布邊7mm的位置車縫。

⑪開扣眼壓布腳
3cm以上的扣眼無法使用①自動開扣眼壓布腳，需改用此款。

壓布腳的使用方法①

以下我們一起來了解幾種壓布腳的用途與使用方法。

【布邊接縫壓布腳】

用於快速接縫兩片容易脫線或鬚邊的布料，或是單片布料的鎖邊。也適用於具有彈性的針織布料。

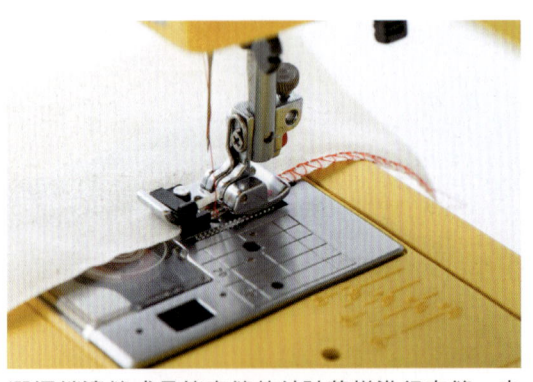

選擇鎖邊縫或是拷克縫的針趾花樣進行車縫。車針會一邊左右移動，一邊進行車縫。

【7mm直線壓布腳】

用於布邊壓線或是拼接兩片布料，從距離布邊7mm的位置車縫。也適用於拼布的縫合。

將壓布腳邊端的黑色部分貼著布邊進行車縫，就能將寬度固定在7mm。

第1章 縫紉機的基礎

壓布腳的使用方法①

【捲邊壓布腳】

一邊將布邊捲成極細的三摺邊,一邊車縫。特別適用於手帕或絲巾等柔軟的薄布料。

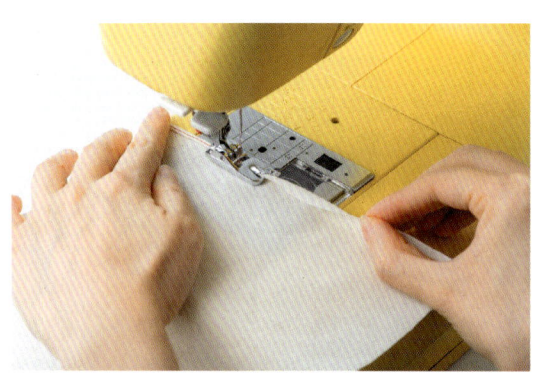

在壓布腳的中央位置,一邊把布邊推進去,一邊進行車縫。

【鐵氟龍壓布腳】

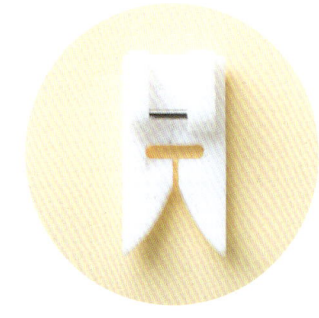

用於車縫合成皮或防水布等不容易滑動的布料。壓布腳底部具有特殊的材質貼片,能讓車縫更加順暢。

車縫不易滑動的布料時,用一般壓布腳很難讓布料移動。如果使用鐵氟龍壓布腳,摩擦力較小,送布變得容易許多。

31

壓布腳的使用方法②

安裝拉鍊、開扣眼以及暗針縫也有特殊的壓布腳,讓我們來看看吧!

【拉鍊壓布腳】

可沿著拉鍊的鍊齒進行車縫。

拉鍊專用的壓布腳只會壓住車針的單側,能車縫拉鍊的鍊齒邊緣。壓布腳可以安裝在車針的左右任一側。

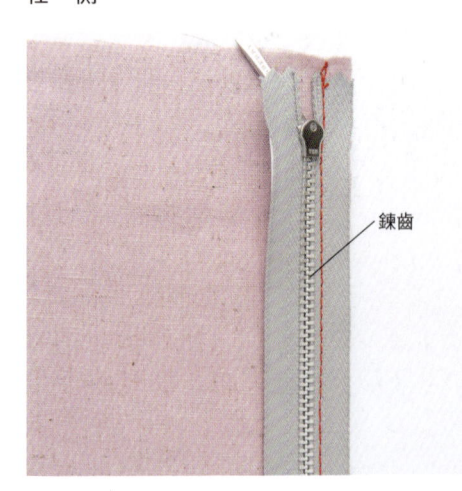

鍊齒

【隱形拉鍊壓布腳】

把隱形拉鍊的鍊齒扣在壓布腳的溝槽裡進行車縫。

這個壓布腳會把隱形拉鍊的鍊齒扣在壓布腳底部的溝槽裡,能完美地在鍊齒的邊緣處車縫。

【自動開扣眼壓布腳】

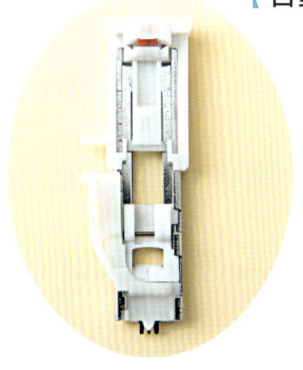

把要安裝的扣子放在壓布腳後方的位置，就能自動開好扣子的扣眼。

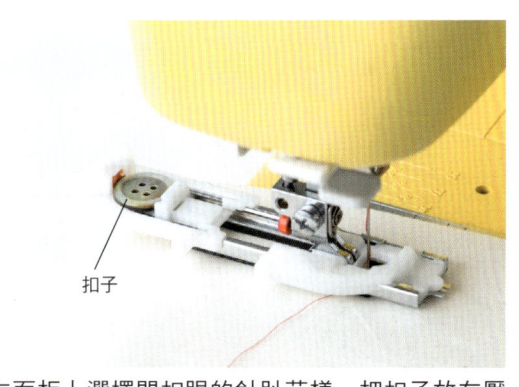

扣子

在面板上選擇開扣眼的針趾花樣。把扣子放在壓布腳後面，就能縫製出適合扣子直徑的扣眼。

【暗針縫壓布腳】

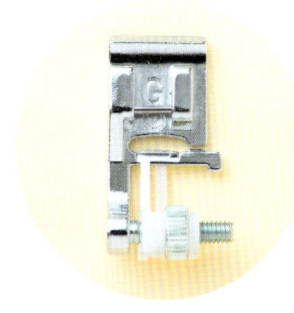

需要把裙子或褲子的下襬往上收的時候使用。

在縫紉機面板上選擇暗針縫的針趾花樣。把下襬的縫份往外摺，如上圖所示，一邊把布料往外翻開，一邊車縫。往外翻的正面布料要與縫份車縫在一起。這個方法適合車縫較厚的布料。

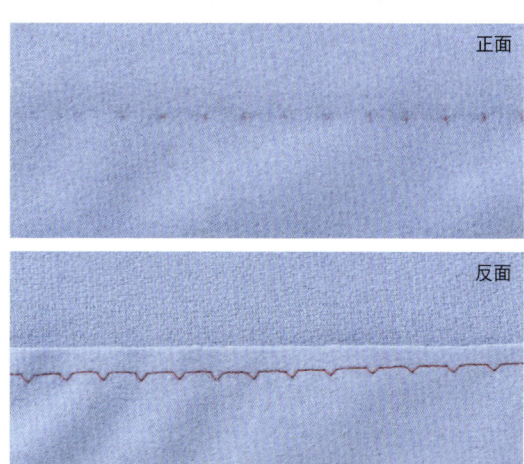

正面

反面

第1章 縫紉機的基礎

壓布腳的使用方法②

33

如何車縫特殊布料

特殊材質的布料無法用一般方式處理,以下介紹這些布料的裁剪方法與車縫要點。

●人造皮草

以合成纖維製成,用來模仿動物毛皮的布料。裁剪時,請避免把長毛剪斷。

【裁剪的重點】

具有厚度又有長毛的人造皮草,不容易起來裁剪,所以要一片一片分開剪,裁剪的時候,儘可能不要剪到毛。

1 把紙型放在布的反面,用記號筆描繪紙型的周圍。

2 儘可能不要剪到毛,用剪刀尖端只剪反面底部的布,一點一點地剪。

【縫製後的重點】

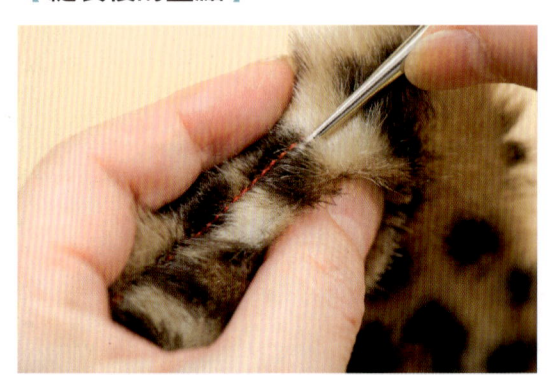

把被縫進反面的毛用錐子挑出來。方法是把錐子插入縫線的旁邊,把毛挑出來後整理整齊。

KURAI・MUKI Point
注意毛流的方向再裁剪!

毛流具有方向性,請按照由上往下的方向來放置紙型再裁剪布料。

毛流方向

34

●防水布・合成皮

表面有加工過的防水布或合成皮，用珠針會產生孔洞、從正面車縫會產生阻力，因此要使用其他小工具來進行車縫。

防水布

合成皮

【珠針的替代品】

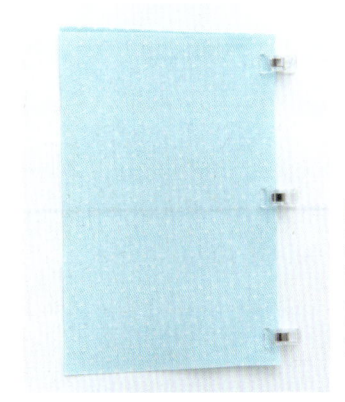

防水布、合成皮只要被針刺過，布上面就會殘留針跡。因此需使用裁縫固定夾來取代珠針（請參考P.43）。

【保存方法】

防水布容易變皺又不能用熨斗整燙，所以在保存的時候，要另外捲在紙筒上（如左圖），避免產生皺摺。

【車縫方法的重點】

從反面車縫

從反面車縫的時候，可以和普通布料一樣使用普通的壓布腳。

鐵氟龍壓布腳

從正面車縫

因為布料表面有加工過，車縫起來會有阻力，使用普通的壓布腳不容易推進布料。此時更換成鐵氟龍壓布腳的話，車縫就會變得滑順。

KURAI・MUKI Point

重新車縫會留下針跡

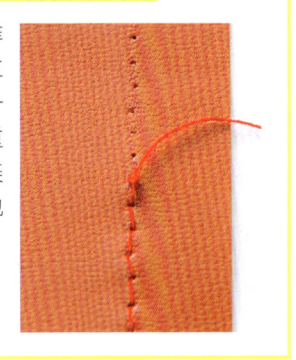

防水布、合成皮等特殊布料，只要車縫過就會留下針跡，因此若拆線重新車縫就會不美觀，所以請謹慎地車縫。

第1章 縫紉機的基礎

如何車縫特殊布料

●針織布

針織布具有彈性,必須使用彈性布或針織布專用的車針(請參考P.12)才能順利車縫。此外,針織布料不是用一般的直線縫,請選用可對應伸縮性布料的針趾花樣。

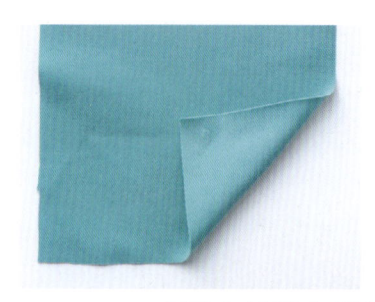

【車縫方法的重點】

用普通的直線縫車縫具有彈性的針織布料,在拉布的時候,縫線有可能會斷掉。請使用適合針織布料的針趾花樣進行車縫。

【適合針織布料的針趾花樣】

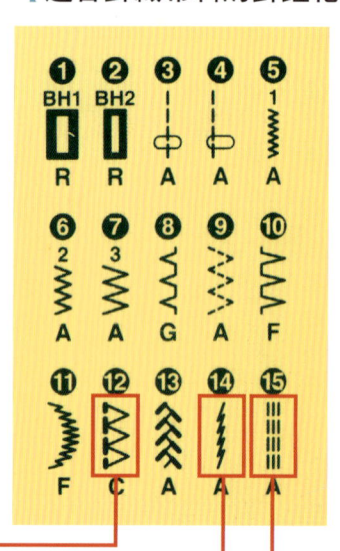

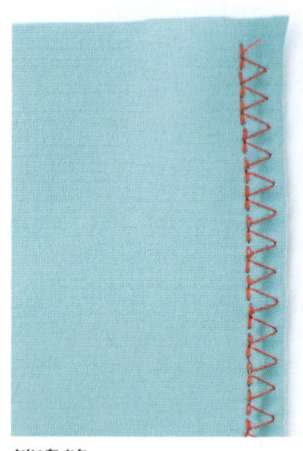

鎖邊縫
鎖邊縫通常用來處理布邊,防止脫線或鬚邊,但也能用於具有伸縮性的布料。車縫針織布料時,要在內側1cm的位置車縫,再剪掉縫線外側的布。

伸縮縫
像是細緻版鋸齒縫一樣的縫線,是專門車縫伸縮材質布料的針趾花樣,適合針織布。

三重直線縫
重疊車縫三條直線,車縫線牢固且不容易斷裂。

【活用防拉伸膠帶】

車縫針織布時，布很容易被伸展拉開。在要車縫的地方先貼上防拉伸膠帶，可以在布不被拉伸的情況下縫製（請參考P.77）。

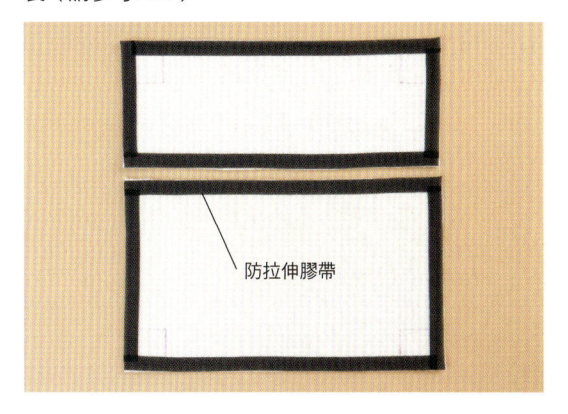

防拉伸膠帶

> **KURAI・MUKI Point**
>
> **針織布的針距設定為 2.8mm**
>
> 有伸縮性的針織布，將針距長度設定在比一般稍長的2.8mm，比較容易車縫。

第1章 縫紉機的基礎

如何車縫特殊布料

●輕薄布料

雪紡紗或薄紗等輕薄又柔軟的布料，用縫紉機車縫的時候，可能會發生布料卡進針孔裡而無法順暢車縫的情況。除了換成薄布用的縫紉車針（9號）、線（90號）、設定針距（1.5～2mm）之外，還可以在布的下方鋪描圖紙進行車縫，如此一來就能順利車縫。

【車縫方法的重點】

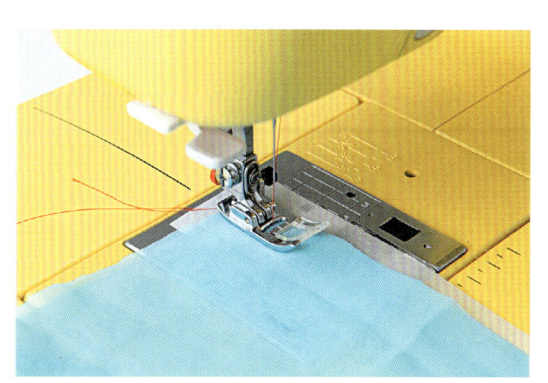

1 在布的下面鋪一張描圖紙（或其他薄紙）進行車縫。

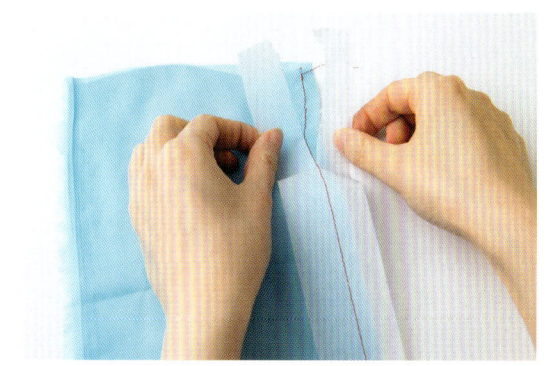

2 縫紉結束後，沿著縫線邊緣把描圖紙撕開即可輕鬆取下。

生活中的縫縫補補

號碼布的縫法

在布料具有彈性的體操服上車縫號碼布，因為車縫時布會被拉開，如果單純只用珠針固定，車縫時號碼布容易錯位，成品就會不美觀。完美車縫的祕訣是先把號碼布放在衣服上面，進行疏縫之後再車縫。

1 在前後衣身片之間先插入資料夾或一本雜誌，讓布面變得平坦，進行疏縫時比較輕鬆。

2 在預定車縫的位置將號碼布放好，小心地用珠針固定。

3 在號碼布的周圍，如上圖一樣進行疏縫。也可以使用布用口紅膠或雙面膠（請參考P.43）來黏貼固定。

4 將資料夾取出，用縫紉機車縫號碼布的邊緣，再把疏縫線拆掉。

標籤的縫法

為了寫上名字或是做為設計重點而使用的標籤，雖然面積很小，縫線卻很搶眼。因此開始車縫和結束車縫的線跡要小心處理，成品才會漂亮。

1 單面附熱熔膠的標籤，用熨斗加熱即可將標籤黏貼在布上。沒有附熱熔膠的標籤，可使用布用口紅膠（請參考P.43）暫時固定住。

2 在標籤其中一邊的中央部位開始車縫，此時不需要倒車。

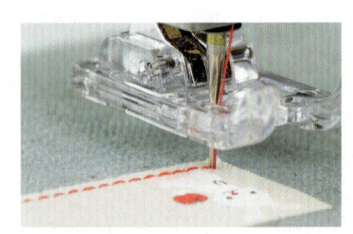

3 車縫到直角時，針在布面之下的狀態停下縫紉機，把壓布腳往上抬，再轉動布面以改變車縫的方向。

4 車縫到快至始縫點的位置前，把起針的線頭剪掉，把縫線重疊車縫2～3針之後再倒車縫，然後把線切斷。

5 結束車縫的線頭，用錐子從布的反面拉出來，在靠近布的地方打結後，把多餘的線剪掉。

第2章
縫紉工具、整布、量身與紙型製作

本章將會介紹裁縫所需的基本工具。
決定好想製作的物品後,要先開始描繪「紙型」。
紙型是用於裁縫的模板或圖案,每一樣作品都要依照紙型裁剪布料。
雖然有點麻煩,但謹慎地繪製紙型是完成作品的第一步。
製作好的紙型也可以重複使用,因此請妥善保存。

縫紉工具

以下介紹從量身、裁布到縫製時不可或缺的基本工具。只要擁有這些，就能製作小物或衣服等布製品。除此之外，也推薦一些非必要的便利小工具，初學者可以自行斟酌是否需要購入。

●必要的基本用具

方格尺
在製作紙型時使用。因為印有格線，能準確畫出和完成線平行的縫份線。

布剪
裁剪布料的專用剪刀，注意不可用來剪紙。建議選用長度21～23cm的款式。

紙
描繪原寸紙型時使用，通常使用牛皮紙或描圖紙等容易描繪的薄紙。

紗剪
也稱線剪，剪線頭專用的剪刀。刀鋒呈尖細狀，方便細部作業。

工藝剪刀
剪紙型時使用（注意不可使用布剪剪紙）。

美工刀
割紙型時使用。比用剪刀更能裁切出漂亮的直線。

珠針
用於固定紙型和布面，或是車縫時避免重疊的布料錯位。

針插
用來插手縫針或珠針的工具，也稱為針枕、針墊或針包。

捲尺
量身或量布的時候使用，特別適合用於測量直尺無法測量的長度或曲線。

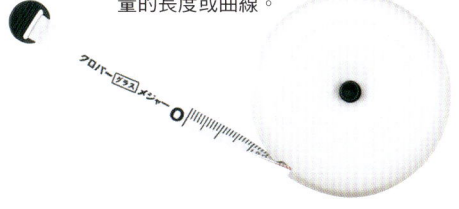

拆線刀
拆掉縫線，或是開扣眼的時候使用。

錐子
用於整理袋子的邊角、拆掉縫線，或是車縫抽褶或邊緣送布等精細工作。

穿繩器
用來穿束口袋的繩子或是褲子與裙子的鬆緊帶。

布用複寫紙
夾在布和布之間，搭配描線滾輪器使用，分為雙面型和單面型。

記號筆
也稱為水消筆或消失筆，能直接在布上面畫記號。由於沾水後記號就會消失，作品完成後不會留下痕跡。

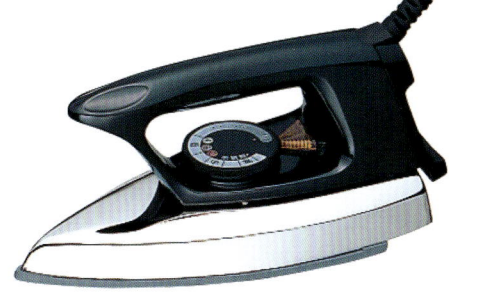

描線滾輪器
配合布用複寫紙使用，便於在布面上做記號。選擇滾輪是尖齒的類型，可以把記號畫得更清楚。

縫紉機（請參考p.6）

縫紉線、車針、梭心（請參考p.12）

手縫線、手縫針
安裝扣子，或是使用藏針縫收下襬時使用。

熨斗、燙衣板
用於燙開、燙平縫份，或是把布襯黏貼在布上面時。因為是經常需要用到的物品，建議事先取出備用。

第 2 章　縫紉工具、整布、量身與紙型製作

縫紉工具

●增加效率的便利小工具

切割墊
用美工刀割紙型的時候，或是用滾輪刀裁布的時候使用，可保護桌面。建議使用如上圖90×60cm的尺寸。

滾輪刀
比起用布剪，更能精確快速地裁剪布料。

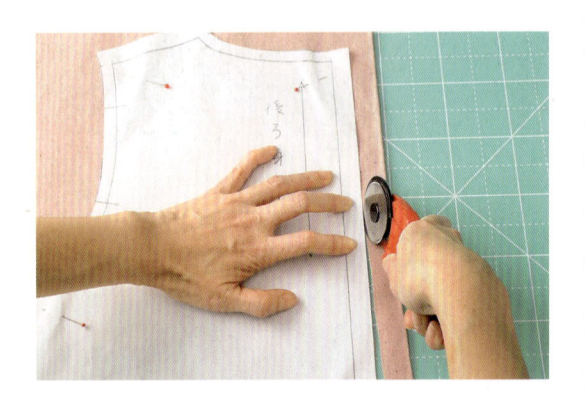

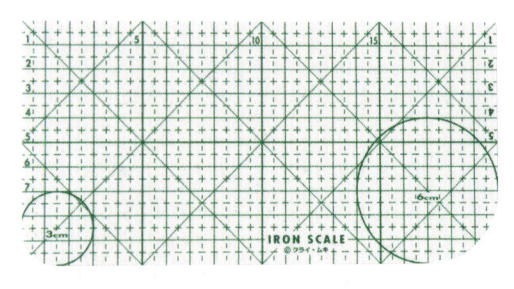

熨斗用定規尺
使用特殊的耐熱材質，能準確燙出兩摺邊或三摺邊的摺痕。用這把尺對齊摺線後用熨斗燙平，就能一邊確認縫份的寬度、一邊整齊熨燙。尺邊是圓弧造型，因此也適用於曲線的燙摺。

KURAI・MUKI Point
用厚紙板自製熨斗用定規尺

可以用手邊現有的厚紙板或明信片來製作熨斗用定規尺。在厚紙板上用方格尺畫上1～5cm的實線，再畫上間隔0.5cm的虛線即可。使用油性筆或麥克筆繪製，線條就不會暈開。

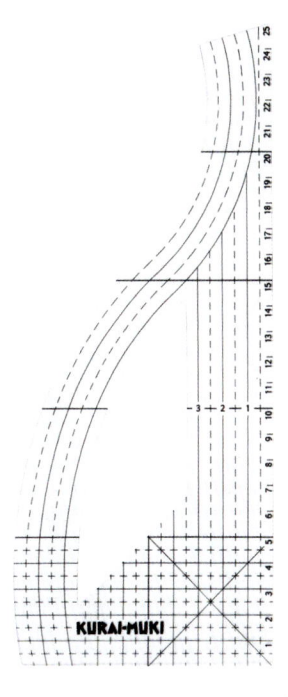

多功能縫紉尺
最小單位是0.5cm,能快速畫出平行線,輕鬆完成縫份的繪製。尺的其中一端有弧度,因此畫袖襱和領圍等曲線也沒問題。

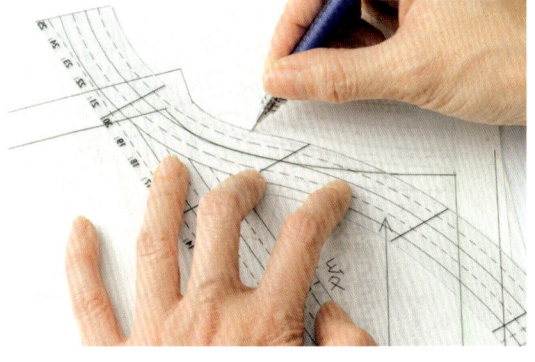

裁縫固定夾
取代珠針,用來固定布料的夾子。將布相疊縫合時使用,車縫作業會很輕鬆。特別是用珠針會留下孔洞的特殊布料或厚布料等,最推薦使用固定夾。

遮蔽膠帶(紙膠帶)
在描繪紙型的時候使用。因為是紙製的,黏著力不強,不會傷到描圖紙,可以撕得很乾淨。

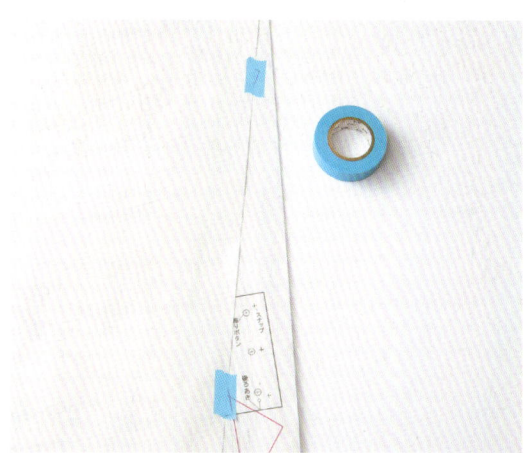

布用口紅膠
可以暫時固定布料與紙型的裁縫專用膠。筆型設計,方便塗抹在細部。在第84頁也有介紹。

第2章 縫紉工具、整布、量身與紙型製作

縫紉工具

43

關於布料

根據不同的材質、厚度和質感，市面上可買到各式各樣的布料。對於初學者來說，普通棉布最好車縫，因此最推薦新手使用。等到逐漸上手之後，就可以挑戰其他種類的布料。以下介紹布料的各部位名稱與基本知識。

● 布的各部位名稱

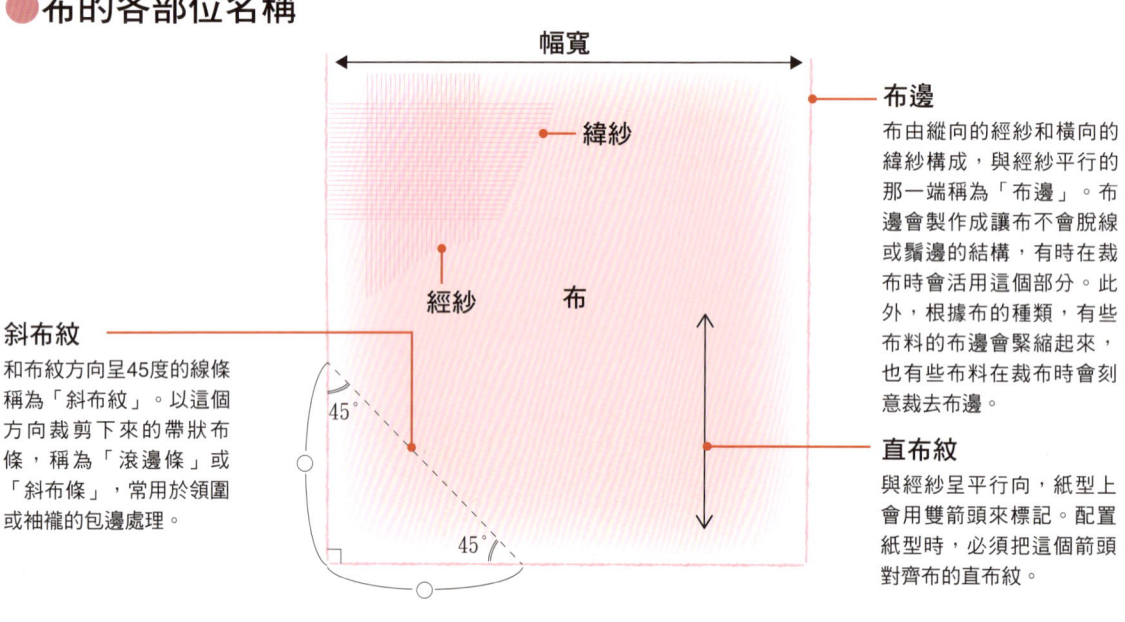

幅寬

緯紗

經紗

布

斜布紋
和布紋方向呈45度的線條稱為「斜布紋」。以這個方向裁剪下來的帶狀布條，稱為「滾邊條」或「斜布條」，常用於領圍或袖襱的包邊處理。

布邊
布由縱向的經紗和橫向的緯紗構成，與經紗平行的那一端稱為「布邊」。布邊會製作成讓布不會脫線或鬚邊的結構，有時在裁布時會活用這個部分。此外，根據布的種類，有些布料的布邊會緊縮起來，也有些布料在裁布時會刻意裁去布邊。

直布紋
與經紗呈平行向，紙型上會用雙箭頭來標記。配置紙型時，必須把這個箭頭對齊布的直布紋。

● 布幅寬

幅寬是指布料的橫向尺寸，一般來說布幅寬的尺寸有四種。製作作品時，要注意指定布料的布幅寬尺寸，如果購入的布料與指定布料的布幅寬不同，所需的布量就會不一樣，請特別注意。

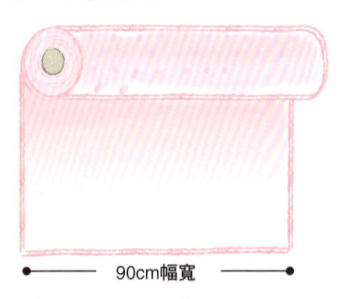

90cm幅寬

（88～90cm幅寬的布）
也稱為單幅或窄幅。棉質被單布或鋪棉布料多屬於此類。

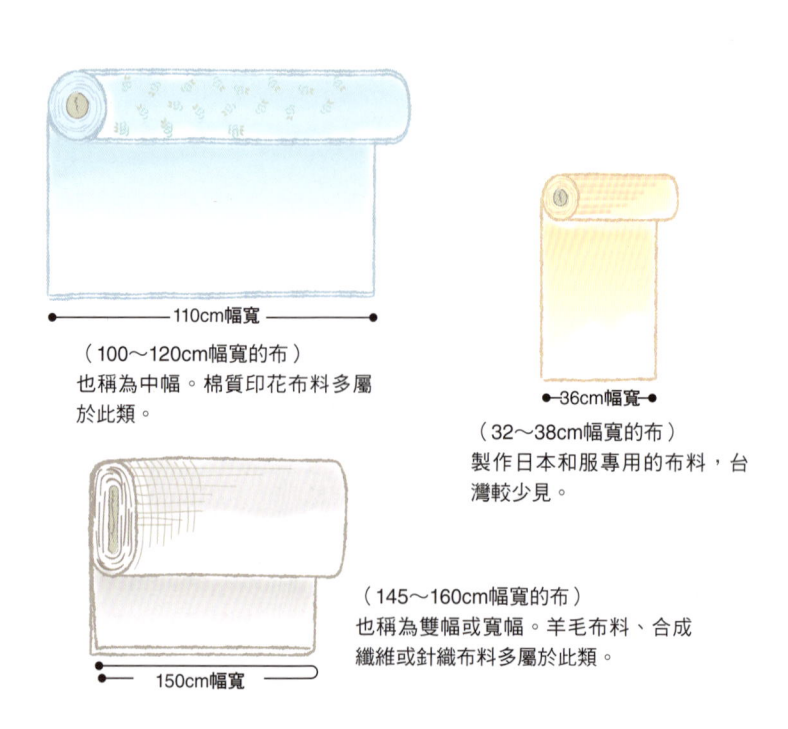

110cm幅寬

（100～120cm幅寬的布）
也稱為中幅。棉質印花布料多屬於此類。

150cm幅寬

（145～160cm幅寬的布）
也稱為雙幅或寬幅。羊毛布料、合成纖維或針織布料多屬於此類。

36cm幅寬

（32～38cm幅寬的布）
製作日本和服專用的布料，台灣較少見。

●分辨布料正反面的方法

【檢查布邊被針戳過的痕跡】

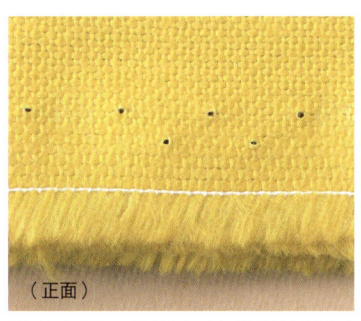

（正面）　（反面）

檢查布邊，找到被針戳過的孔洞。針的痕跡向上凸出的是正面，凹陷下去的是反面。但是也有一些例外的狀況。

【斜紋布】

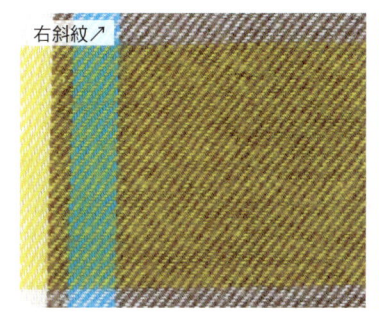

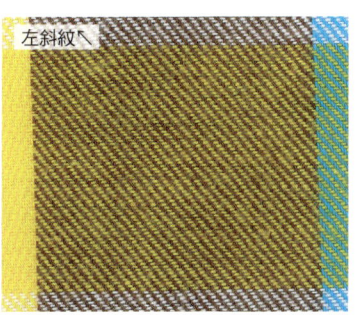

右斜紋↗　　左斜紋↖

斜紋布以紋路方向來分辨正反面。一般來說，右斜紋（↗）是正面居多，但也有左斜紋（↖）是正面的布料。

KURAI・MUKI Point

分不清正反面的話，就自行決定後做上記號

無論如何就是分不出正反面的話，就以布的表面光澤或觸感，選擇自己喜歡的那一面來當作正面。為了避免在作業過程中再次搞混了正反面，先在反面貼上遮蔽膠帶或貼紙來做記號，或是用記號筆做標記。

【布邊有文字】

MADE IN JAPAN

（正面）

有文字的那一面是正面。

老師，我有疑問！　初學者適合使用什麼布料呢？

A　**以下是新手挑選布料的重點。**

第1　**選擇印花布等正反面很明顯的布。**
縫紉作業的每個步驟，都需要確認布料的正反面才能進行下一步。如果是正反面令人混淆的布料，容易因為搞錯而不斷重做。

第2　**選擇細棉布、被單布或粗棉布等普通棉布。**
普通材質的平織棉布，因為線張力容易調節，所以可以輕鬆車縫，最推薦初學者使用。等到更熟練之後，再來挑戰薄布或厚布吧。

第3　**花樣或圖案較小的布。**
如果是小圖紋的布，就不必在意紙型的配置。等上手了之後，再來挑戰有分上下方向圖紋的布料，或是需要對齊布紋拼接的大格子布等。

正反面容易分辨的布料。

第2章　縫紉工具、整布、量身與紙型製作　關於布料

45

布料與針線的搭配

車針和車線有不同的粗細和款式,需依照布的厚度來更換,才能順利車縫。以下介紹薄布料、普通布料和厚布料對應的針線。

布的厚度	薄布料	普通布料
車針和車線	9號 / 90號	11號（或14號）/ 60號
布的種類	**蟬翼紗** 具有透明感的平織布,特徵是有一點點彈性。具有光澤,通常使用聚酯纖維等化纖材質製作而成。	**細棉布** 經紗和緯紗織得較密的平織布。具有適度的光澤。常用來製作襯衫,也可以做束口袋等小物。
	府綢布 平紋織法的棉布。觸感平滑,適合用於春夏襯衫或是兒童連身裙等服飾。	**斜紋布** 斜紋織成的棉質布料。具有適度的光澤和彈性,常用在包包或帽子等配件。
	雪紡紗 具有透明感的平織柔軟布料,常使用於製作絲巾。	**緞面布** 具有光澤,觸感滑順,具有華麗感。常使用在禮服或是角色扮演的服裝等等。

被單布
和細棉布相比,織紋較粗的平織布。顏色或圖紋很豐富,容易車縫,因此特別適合初學者。

粗棉布
經紗使用白線、緯紗使用色線織成的斜紋布。使用這個布料製成的衣服,穿起來乾爽舒適。

楊柳布
經紗使用無撚紗、緯紗使用強撚紗交織而成,經精練後使緯紗縐縮而形成獨特紋理。是適合春夏的材質。

	厚布料
	14號（或16號）／60號／30號

雙層紗 把兩片綿紗重疊製成的布料。有極佳的吸水性與速乾性，因為柔軟輕盈，常使用於嬰兒服等等。	**帆布** 厚的平織布。紮實耐用，適合製作包包等配件。厚度以8號、11號等號碼來表示。	**鋪棉布** 在兩片布之間填入棉襯而具有厚度。常使用於製作書包、椅墊或防災頭套等等。	**燈芯絨** 特徵是表面的縱向絨條紋路。具有保暖性，所以多使用在冬裝上。
牛津布 布紋稍粗的平織布。比被單布稍微厚一些，通常用來製作襯衫。	**蜂巢布** 擁有格子狀的凹凸花樣，表面呈立體狀的布。具有極佳的吸水性，常使用於製作毛巾或寢具。	**羊毛粗花呢** 短羊毛織成的毛料織物，特色是表面呈現刷毛凹凸感，常用在製作大衣或外套。	**牛仔布** 用來製作牛仔褲的耐用布料。緯紗使用白線、經紗使用靛藍色色線所織成。
縐織物 傳統的日本布料。表面有細小的抓皺，又稱為「縐綢」。除了絲綢織物之外，也有聚酯纖維或人造絲的材質。	**塑膠防水布** 表面有做塗層加工，具有防水、抗污等功能，常使用於桌布或隨身小包。	**合成皮** 仿製天然皮革的人造皮，用樹脂等材料加工製成的布。強度很高。	**毛絨布** 表面有圈狀絨毛的織物，通常用於製作保暖服飾及其相關配件。

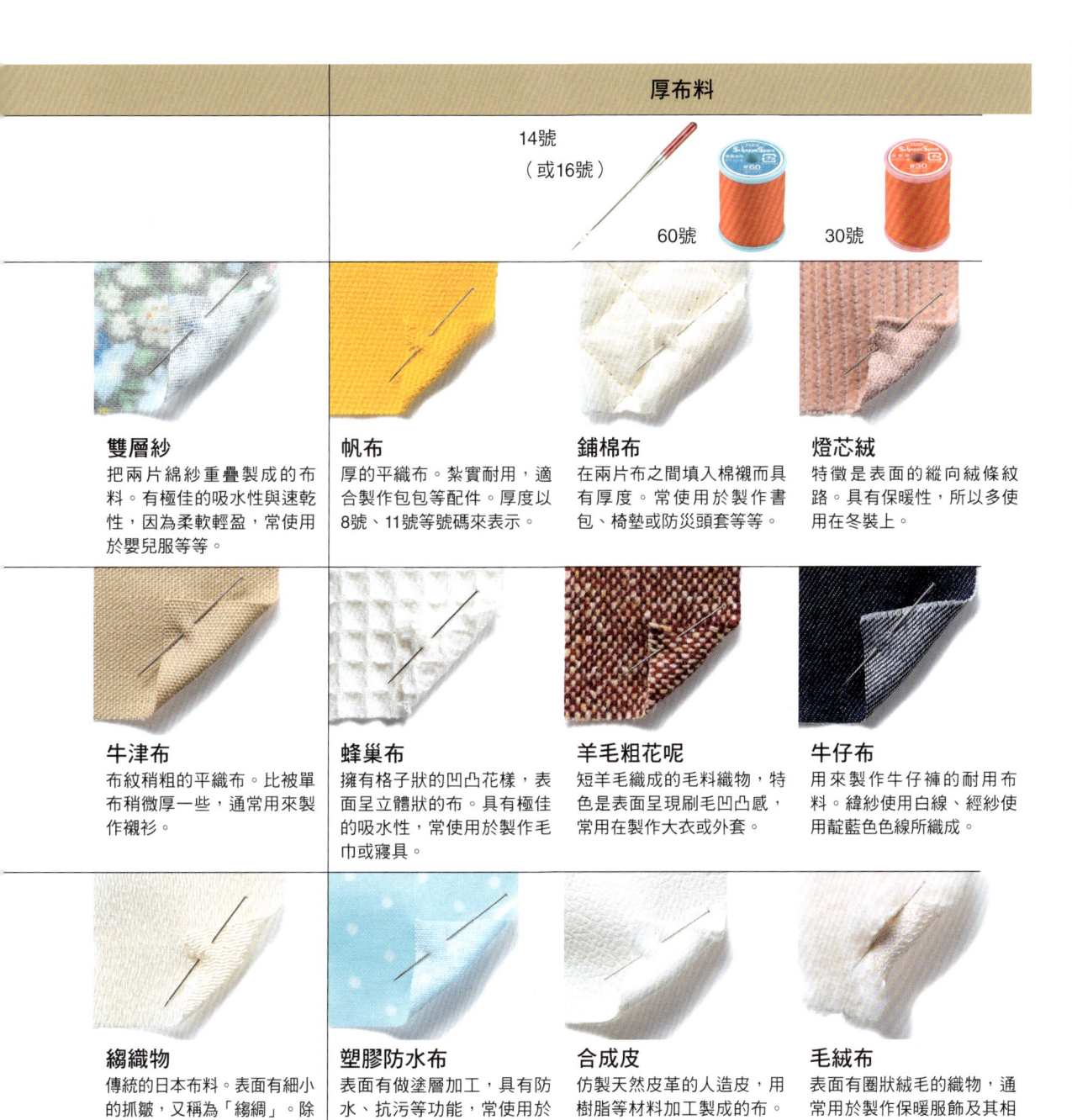

第2章 縫紉工具、整布、量身與紙型製作

布料與針線的搭配

47

整布的方法

剛買的布,多少會有布紋歪斜的情況,如果未經處理就直接裁剪,縫製完成的作品可能會容易變形。因此,首先要沿著緯紗把邊端裁剪整齊,麻布或棉布則要過水處理。

1 把邊端裁剪整齊

【抽緯紗的方法】

1 布料鋪平在桌面上,把邊端的緯紗稍微拉一些出來。

2 用手指拉著一根緯紗,一邊推擠布料、一邊抽出一整條橫跨布料兩端的緯紗。

3 布面上會出現一條布紋線,沿著這條抽線的痕跡,用布剪裁剪布料。

【撕布的方法】

1 從布邊那一側距離邊緣3cm的地方,用剪刀剪出一個小缺口。

2 用手拉住缺口的兩邊,把布撕開。這麼做就和左方欄位的「抽緯紗」一樣,邊緣會被整齊撕開。

KURAI・MUKI Point

如果是「先染布」,可沿著圖紋來剪齊

所謂「先染布」,是先把紗線染色後再織成布的意思。先染布的格子或橫紋,因為是沿著緯紗而產生圖紋的布料,所以對齊布紋即可把邊端剪整齊。相對於先染布,織完布料之後才染色的布料,則稱為「後染布」。

2 下水預縮處理

【棉布或麻布】

1 棉布或麻布下水後容易縮水，必須用清水浸泡後晾乾，再進行整布作業。
※化學纖維或羊毛等布料不需要下水預縮處理。

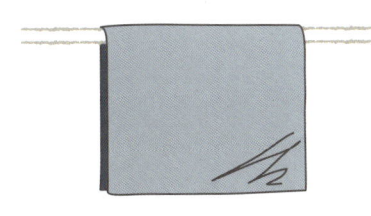

2 讓水滲透進纖維裡面後（約30分鐘），用洗衣機脫水，把皺褶處拉平，把布攤開，晾到半乾的狀態。

KURAI・MUKI Point
不會下水清洗的物品，不需要下水預縮處理

即使是棉布或麻布，如果是用來製作不會下水清洗的包包等物品，就沒有必要進行下水預縮處理。在不必擔心會縮水的情況下，可省略此步驟，只需將布紋整理好後就可以裁剪。

老師，我有疑問！

抽緯紗時，抽到一半就斷掉了！

A 請先把邊端裁剪到緯紗斷掉的地方。
沿著第一次抽出緯紗的痕跡，裁剪到斷掉的地方，再從該處開始第二次抽緯紗，抽到底之後拔出。只要是一開始抽的緯紗附近的線，之後不管抽哪一條緯紗都可以。

3 如何把布紋弄正

已經整理過布的邊端，布紋還是呈現歪斜的話，此時必須用拉扯的方式，把布紋修正成經紗和緯紗呈垂直、邊端為直角的狀態。

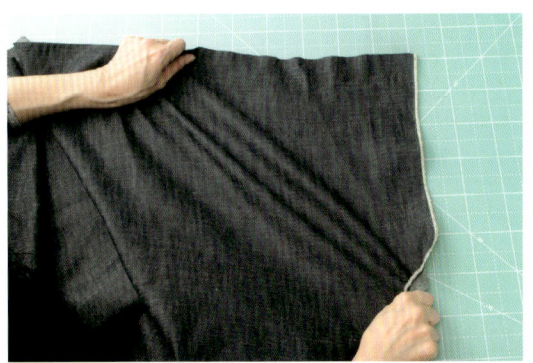

1 為了把邊端弄成直角，把布往斜向的方向拉扯，藉由這個動作把布紋弄正。在切割板上進行會更方便。

2 布的經紗和緯紗呈垂直的狀態。從布的反面沿著布紋用熨斗整燙固定。

第2章 縫紉工具、整布、量身與紙型製作　整布的方法

49

生活中的縫縫補補

各服裝款式購買布料的計算方法

台灣大部分布行使用的計算單位是「尺」，通常最低購買量為2尺（1尺＝30.3公分）。以下介紹各種基本款服飾的用布基準量。用布基準量是以幅寬110cm的布料為例，購買幅寬較窄或較寬的布料時，請自行增減布料的用量（關於布幅寬請參考P.44）。

款式	布幅寬	估算法	以幅寬110cm的布料為基準
裙子	幅寬90・110cm	（裙長×2）＋20cm	及膝裙 130～140cm
	幅寬150cm	裙長＋10cm	長裙 190～200cm
褲子	幅寬90・110cm	（褲長×2）＋20cm	七分褲 170～180cm
	幅寬150cm	褲長＋20cm	長褲 210～220cm
襯衫	幅寬90cm	（衣長＋袖長）×2＋30cm	短袖襯衫 160～170cm
	幅寬110cm	（衣長×2）＋袖長＋30cm	長袖襯衫 210～230cm
	幅寬150cm	（衣長×2）＋20cm	
連身裙	幅寬90cm	（衣長＋袖長）×2＋30cm	及膝長・短袖連身裙 280～300cm
	幅寬110cm	（衣長×2）＋袖長＋30cm	及膝長・長袖連身裙 310～330cm
	幅寬150cm	衣長＋袖長＋20cm	

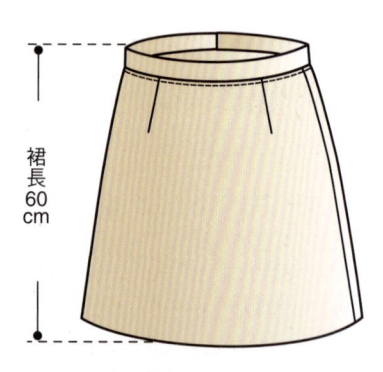

裙長60cm

衣長55cm　袖長25cm

幅寬110cm的用布量
　60〔裙長〕×2＋20cm＝140cm
幅寬150cm的用布量
　60〔裙長〕＋10cm＝70cm

幅寬90cm的用布量
　（55〔衣長〕＋25〔袖長〕）×2＋30cm＝190cm
幅寬110cm的用布量
　55〔衣長〕×2＋25〔袖長〕＋30cm＝165cm

如何量身

為了製作出合身的衣服，必須正確測量身體的尺寸。量身時要準備一條柔軟的量尺，穿著貼身或薄型衣物，確保測量數據正確。在未穿衣服的狀態下測量出的身體尺寸稱為「裸寸」。請以此數據為基準來選擇原寸紙型的尺寸（請參考P.56）。

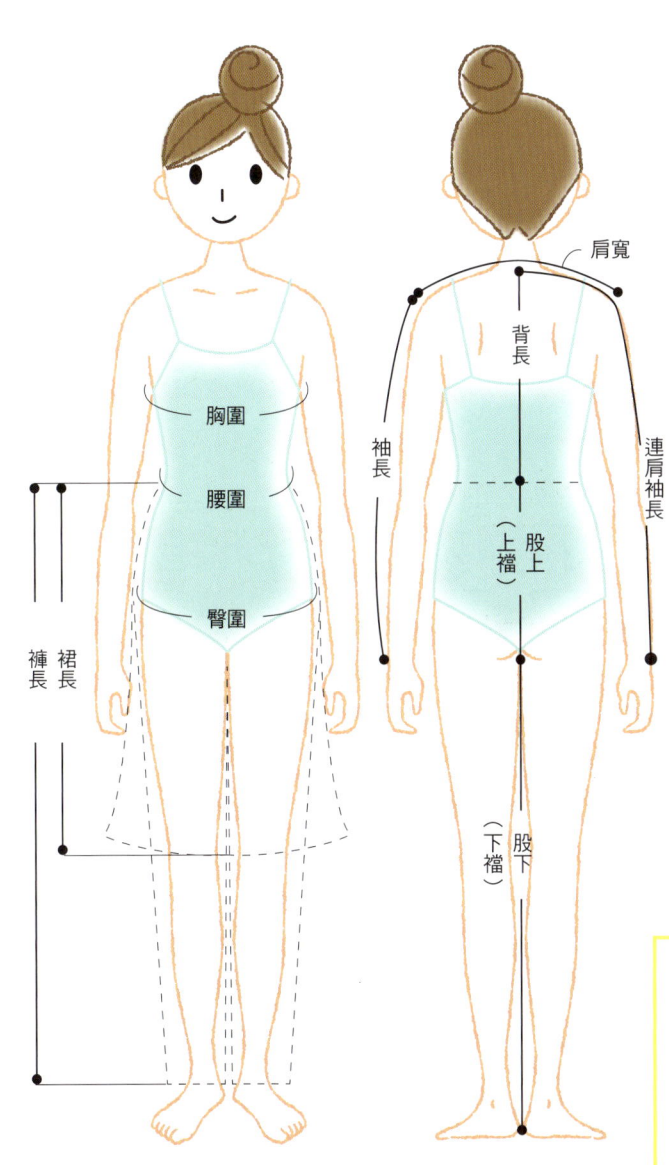

胸圍
通過胸部最寬的位置，水平環繞一圈。

腰圍
通過腰身最細的位置，水平環繞一圈。

臀圍
通過臀部最寬的位置，水平環繞一圈。

肩寬
從一側肩膀的最高點經過後頸根部，測量到另一側肩膀的最高點。

背長
從後頸根部骨頭突出的地方開始，測量到腰部最細的地方。

袖長
手肘輕輕彎曲，從肩膀最高點測量到手腕的尺骨凸起處。

連肩袖長
手肘輕輕彎曲，從後頸根部骨頭突出的地方開始，經過肩膀最高點測量到手腕的尺骨凸起處。

股上（上襠）
從腰圍到大腿根部的長度。

股下（下襠）
如果是單純量身，是從大腿根部到地板的長度；如果是製作褲子，考慮到膝蓋彎曲，需要計算到褲口的長度。

裙長、褲長
從腰圍到裙子或褲子的下襬長度。

自己幫自己量身有點困難，如果可以的話，請另一個人幫忙測量，以確保數據準確。

KURAI・MUKI Point

選擇和現有衣服接近的尺寸

在市售的裁縫書裡，可以找到各種服飾的原寸紙型，如果手邊有類似的衣服，可以直接測量這件衣服的尺寸，再選出書上數據最接近的紙型，就會是剛剛好適合你的尺寸。

第2章 縫紉工具、整布、量身與紙型製作

如何量身

衣服各部位和紙型的名稱

製作衣服時，會將衣服拆解為好幾個部位，每個部位都有各自的名稱。先了解服裝各部位的專業術語，才能看懂實際作法的解說。這裡以女裝襯衫、裙子和褲子為範例，介紹各部位和紙型的名稱。

●女裝襯衫

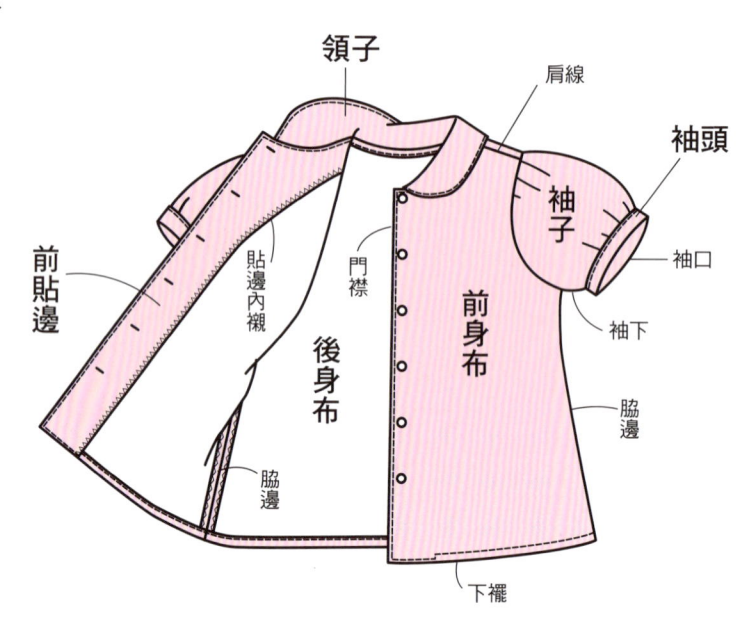

領子、肩線、袖頭、袖子、袖口、袖下、前身布、脇邊、門襟、貼邊內襯、後身布、前貼邊、脇邊、下襬

【紙型】

後身布：肩線、領圍、袖襱、後中央（摺雙）、脇邊、下襬

前貼邊：領圍、門襟、貼邊內襯

前身布：領圍、肩線、袖襱、脇邊、前中央、下襬

領子：後中央（摺雙）

袖子：袖山、抽褶、抽褶、袖下

袖頭

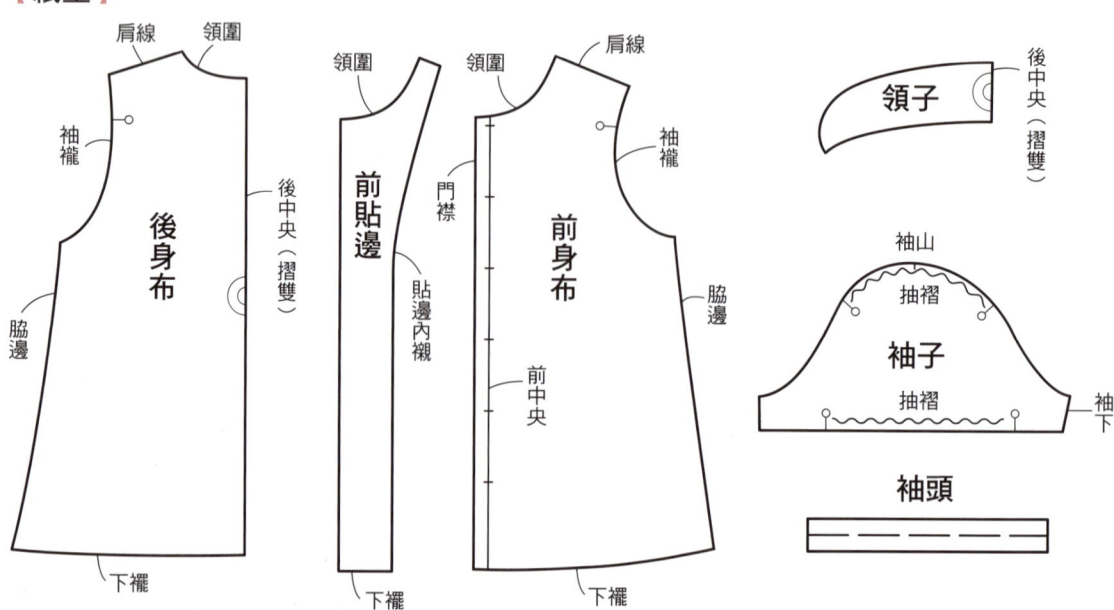

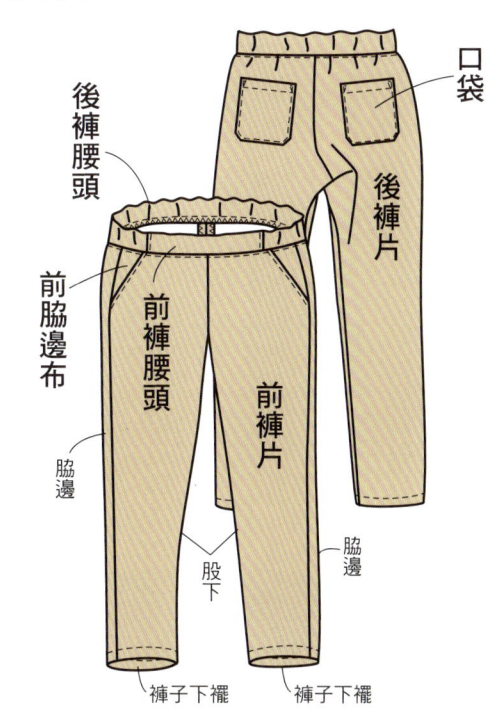

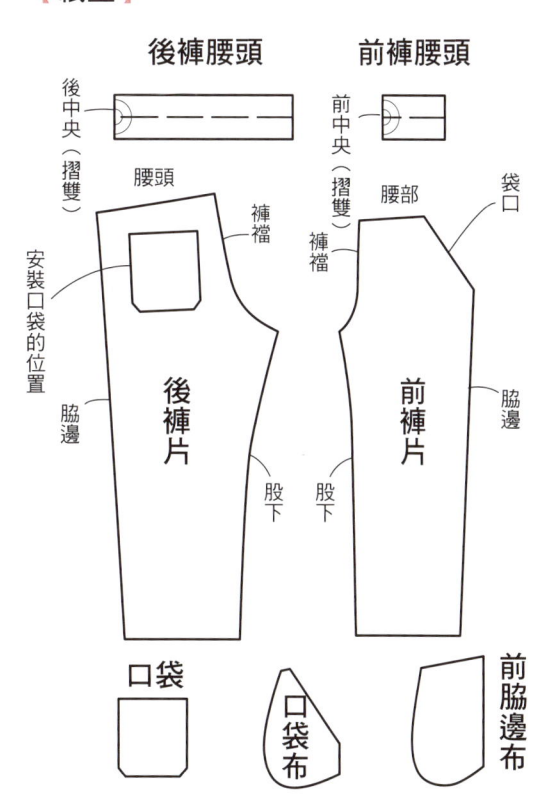

●裙子

【紙型】

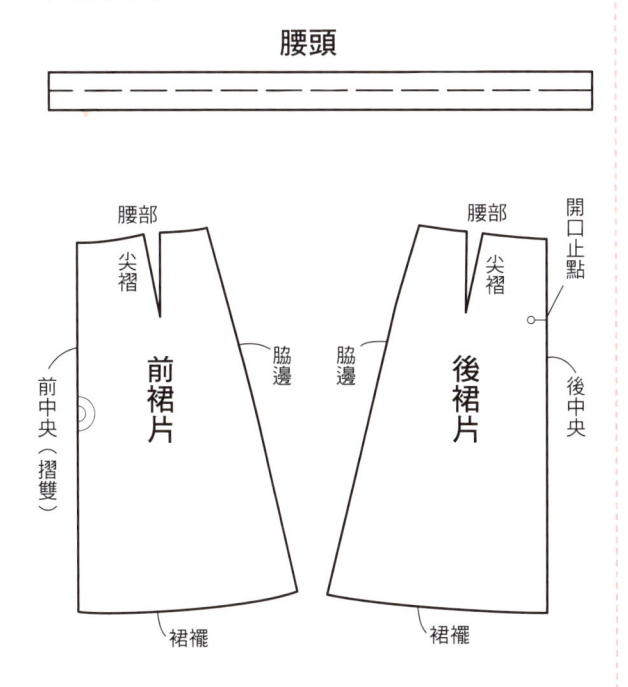

●褲子

【紙型】

第2章 縫紉工具、整布、量身與紙型製作　衣服各部位和紙型的名稱

紙型的記號和名稱

在分版圖和紙型上，會出現以下專業記號，這是關於製圖、裁布或是車縫時的指示。這些記號代表什麼意思呢？請先在此確認一下吧！

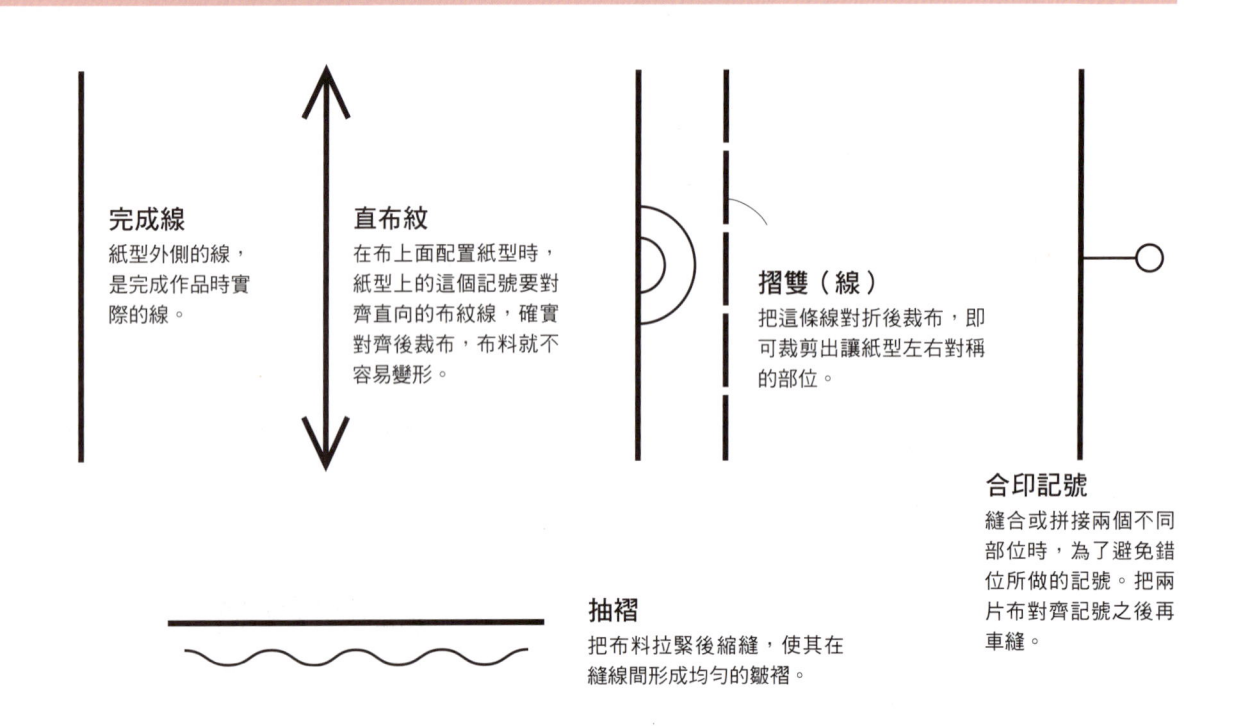

完成線
紙型外側的線，是完成作品時實際的線。

直布紋
在布上面配置紙型時，紙型上的這個記號要對齊直向的布紋線，確實對齊後裁布，布料就不容易變形。

摺雙（線）
把這條線對折後裁布，即可裁剪出讓紙型左右對稱的部位。

合印記號
縫合或拼接兩個不同部位時，為了避免錯位所做的記號。把兩片布對齊記號之後再車縫。

抽褶
把布料拉緊後縮縫，使其在縫線間形成均勻的皺褶。

尖褶
把V字線的上緣兩側對齊摺疊後車縫。藉由縫製尖褶，能讓布變得立體。

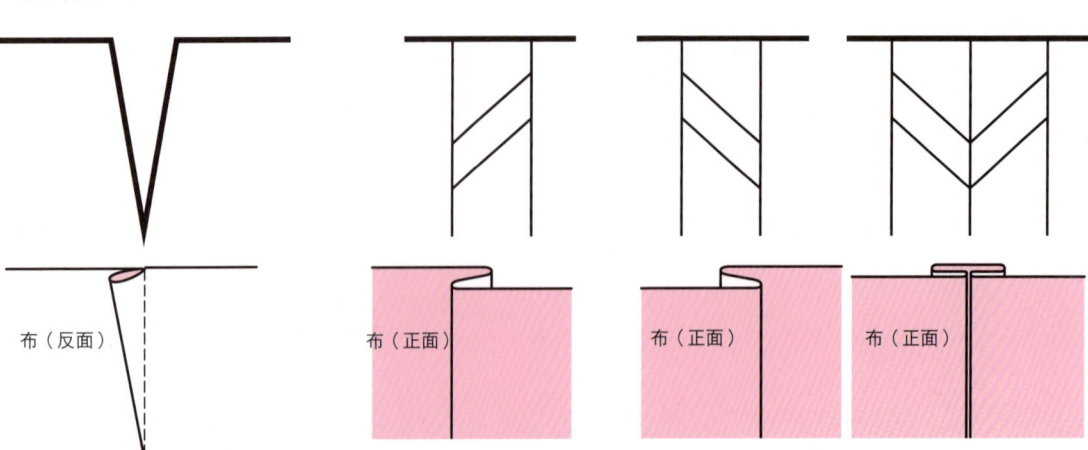

褶襉
從斜線高處往低處方向摺疊後車縫。可分為單向活褶（下圖左一與左二）和雙向活褶（下圖右一）。

用描圖紙描繪紙型

一邊參照書上的分版圖，一邊描繪複製在描圖紙或牛皮紙上，即可完成紙型。使用有刻度的方格尺，就能精確畫出正確的尺寸。

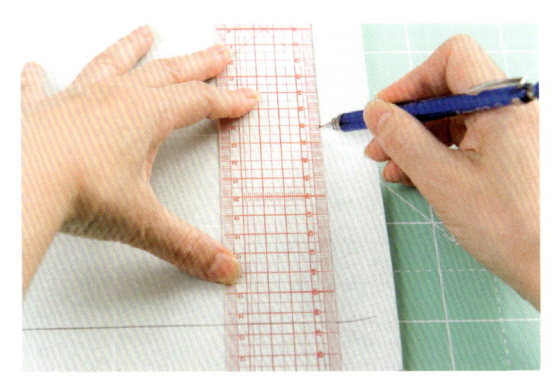

1 在紙型專用紙（描圖紙或方格紙等）上畫完成線。請參考各個作品的分版圖繪製，使用方格尺來畫垂直線會更有效率。

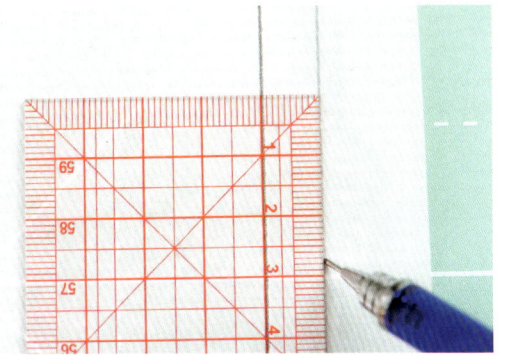

2 添加縫份線。使用方格尺，按照分版圖所指定的寬度畫縫份線。上圖畫在數字「1」的外側，表示縫份為1cm。
※按照指定的寬度正確描繪很重要！

3 畫上必要的記號。在紙型上標示各部位名稱，並標示上直布紋以及合印記號等等。

布鎮

KURAI・MUKI Point
畫出完美的垂直線

正確地畫好垂直線，才能製作出與縫紉書相同的完美紙型。除了善用方格尺以外，也推薦使用方格紙。如果想要使用全白的紙張，可以在白紙下面墊方格紙，線條會繪製得更漂亮。此時為了避免紙疊在一起會位移，可使用遮蔽膠帶暫時固定住。

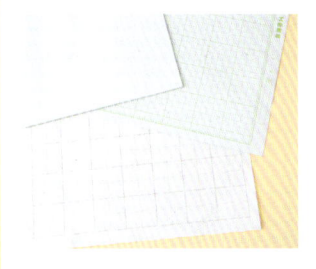

遮蔽膠帶（紙膠帶）

為了不讓紙張移動，可放上布鎮或重物壓住，或是使用遮蔽膠帶，把紙貼在桌子上固定。

第2章 縫紉工具、整布、量身與紙型製作

紙型的記號和名稱

用描圖紙描繪紙型

製作原寸紙型

從原寸紙型之中選出想製作的尺寸，直接複寫在紙上。建議選用大張的牛皮紙（請參考P.40）等薄紙，比較容易臨摹複製出原寸紙型的線條。描繪好的線是完成線，請在完成線外側加上縫份線，才能沿著縫份線把紙裁切下來。

1 複製紙型

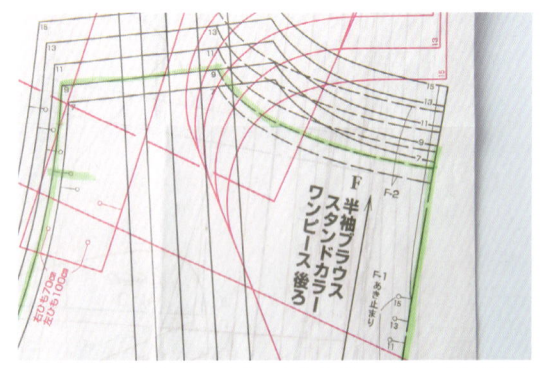

1 從原寸紙型之中找到適合的尺寸，用油性筆做上記號。

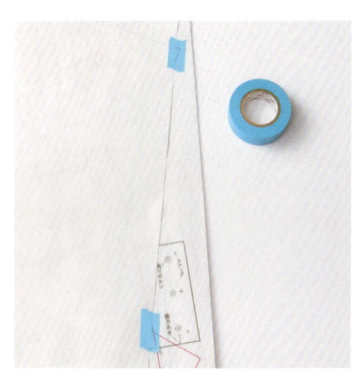

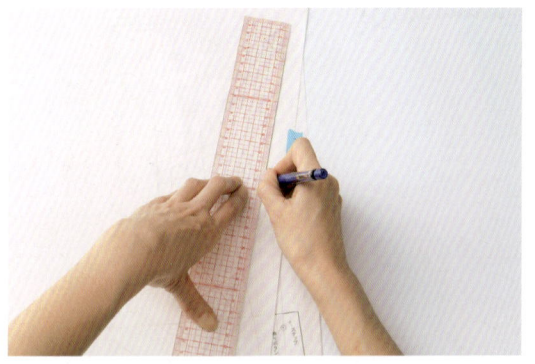

2 在原寸紙型上面疊上薄紙，描繪紙型的線。如果使用牛皮紙，要把比較粗的那一面朝上。

3 一開始先用方格尺描繪直線部分。

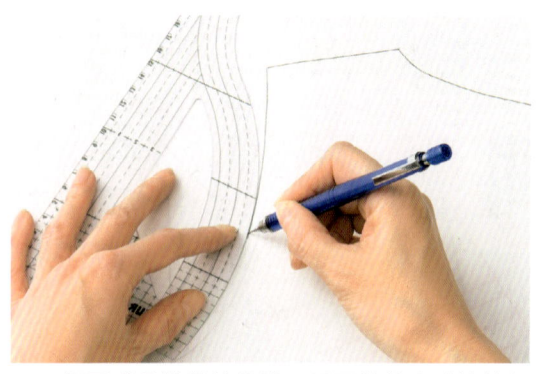

4 領圍或是袖襱的曲線，只要沿著多功能縫紉尺（請參考P.43）的彎曲部分來描繪，即可輕鬆完成。

KURAI・MUKI Point
紙型上的所有資訊，都要毫無遺漏地描繪複製

原寸紙型上的所有文字與圖案都要完全複製，包括文字、直布紋以及合印記號。如果有拉鍊止點、開口止點以及開釦位置等等，也要畫入紙型之中。

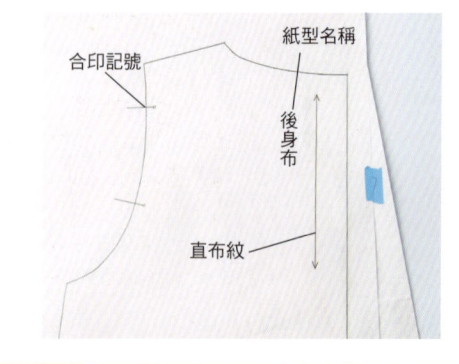

（圖示標註：合印記號、紙型名稱、後身布、直布紋）

2 加上縫份

【直線部分】

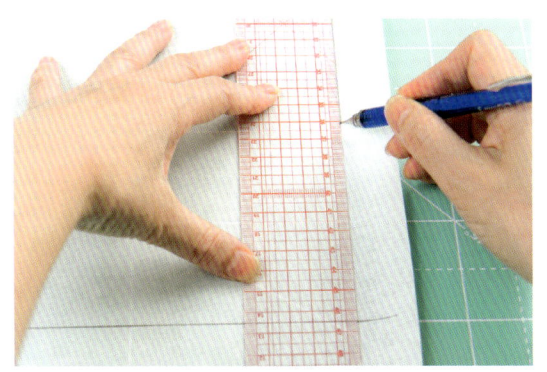

在描繪好的原寸紙型完成線外側，按照分版圖（請參考P.66）上所指示的寬度加畫縫份線。

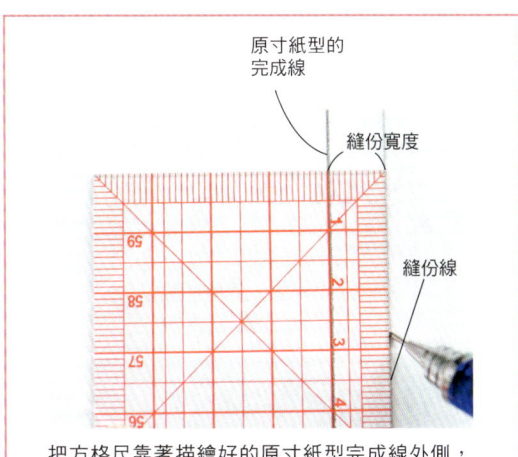

原寸紙型的完成線
縫份寬度
縫份線

把方格尺靠著描繪好的原寸紙型完成線外側，再把尺平行移動到縫份的寬度處。

【曲線部分】

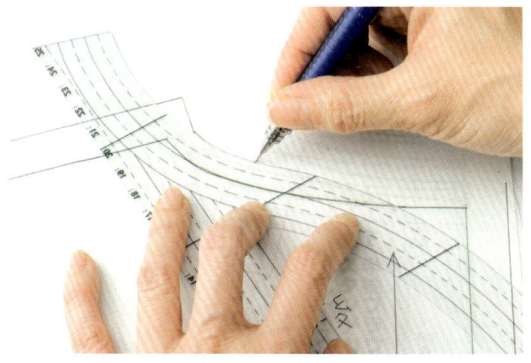

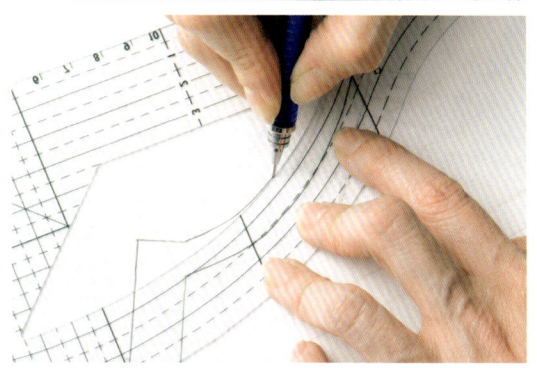

分別使用多功能縫紉尺彎曲處的內側和外側，就可以輕鬆畫出曲線。如果沒有多功能縫紉尺，可以用方格尺畫上幾處的縫份線，再徒手把線連結起來描繪出曲線。

第2章 縫紉工具、整布、量身與紙型製作

製作原寸紙型

KURAI・MUKI Point

合印記號要一直延長到縫份的邊緣

配合紙型裁好布之後，要剪一刀名為牙口（請參考P.72）的切口當作記號。這個時候，為了容易剪出切口，合印記號要一直延長到超出縫份線。此外，如果基本縫份是1cm，在縫份大於1cm的地方，只要和合印記號一樣先做好記號，車縫的時候會比較方便。

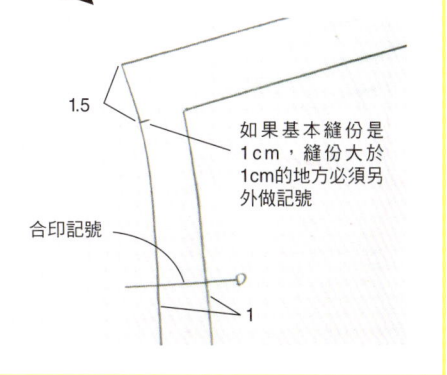

1.5
如果基本縫份是1cm，縫份大於1cm的地方必須另外做記號
合印記號
1

3 裁切紙型

【直線部分】

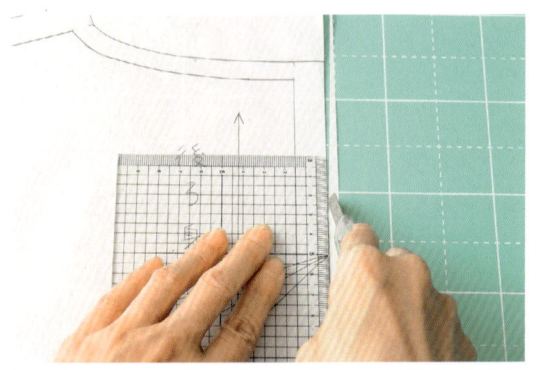

把方格尺靠在縫份線上,用美工刀沿著縫份線裁下。使用金屬尺或是切割專用尺(如上圖)的話,尺就不容易割壞。

【曲線部分】

曲線以徒手去割就很容易裁切。用手壓住紙型,沿著縫份線慢慢地用美工刀小心裁下。

● 原寸紙型的描繪法、特殊部位畫縫份的技巧

前面介紹了如何描繪原寸紙型的完成線,以及添加縫份線的方法。但是,關於貼邊、尖褶、袖下等部分,畫縫份的方法是有訣竅的,在此特別提出來說明。

【貼邊】

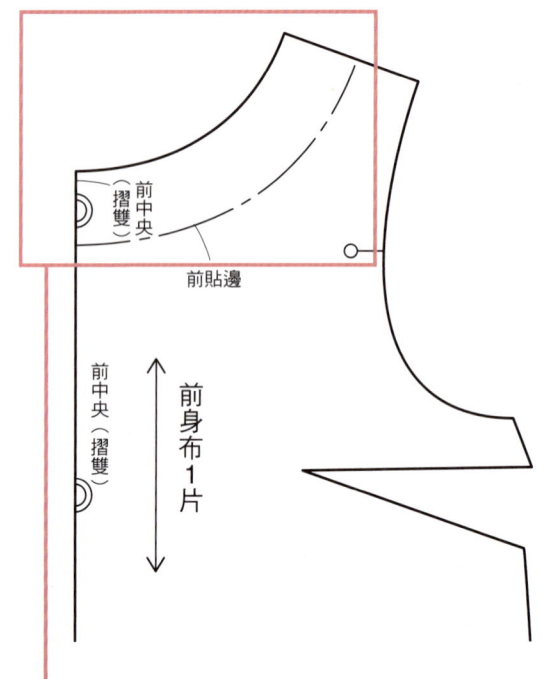

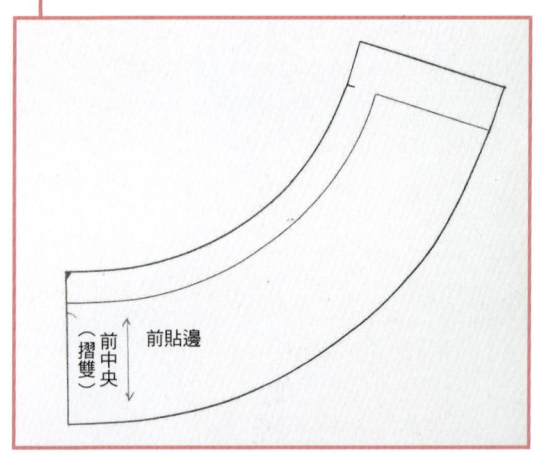

貼邊的紙型

在原寸紙型中,貼邊的紙型通常會和衣身片重疊在一起。為了方便製作,將貼邊的紙型畫在另外一張紙上。

【貼邊連裁】

襯衫的門襟內側需要縫入一層薄布或襯布，以加強衣服的結構和穩定性。如果希望襯衫完工時此部位不要太過厚重，裁布時把貼邊與衣身片的門襟一起裁剪下來的紙型，就稱為「貼邊連裁」。

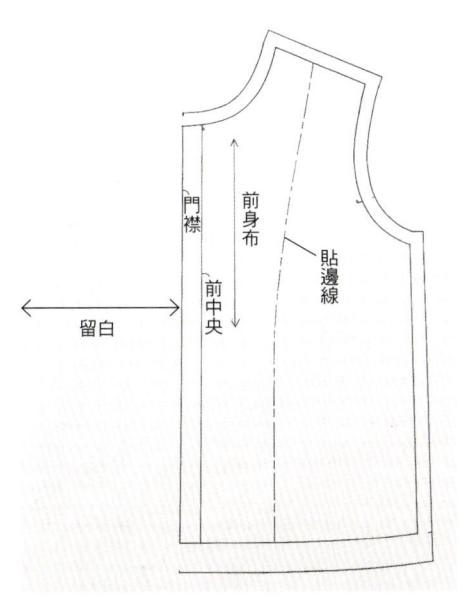

1 複製衣身片的紙型，畫上縫份線，先把貼邊線畫上去。在複製紙型的時候，要先預留複製貼邊的留白處。

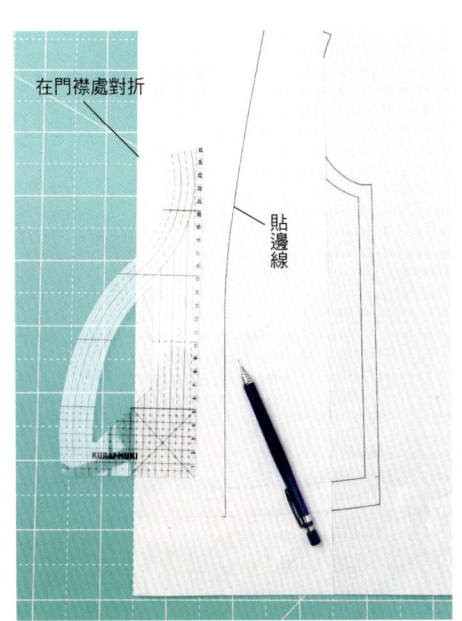

2 在門襟的位置把紙由左往右摺，在紙的背面描繪貼邊線。

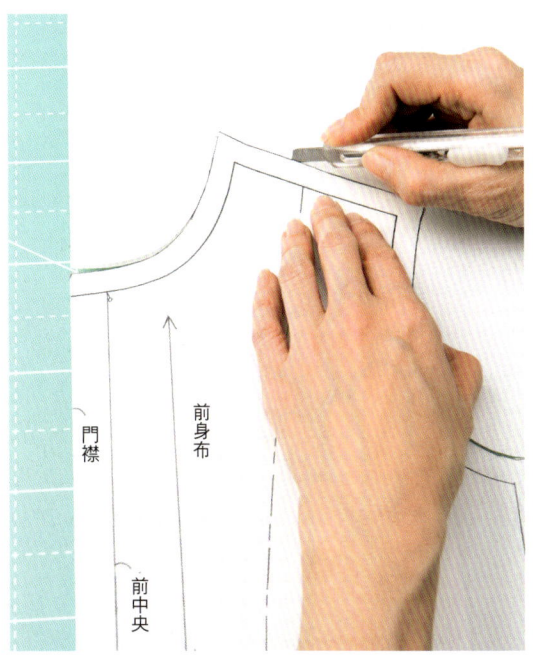

3 把描繪好的貼邊線往反面摺回去，兩張紙相疊起來，用美工刀切割衣身片的縫份線。

4 把紙攤開，把對折時畫的貼邊線割開。用這個紙型來裁剪布料。

【尖褶】

藉由在紙型上加入尖褶,能打造出順著身體弧度的立體線條。尖褶V字形部分的上緣縫份線,要先將紙摺疊起來做記號後再畫。

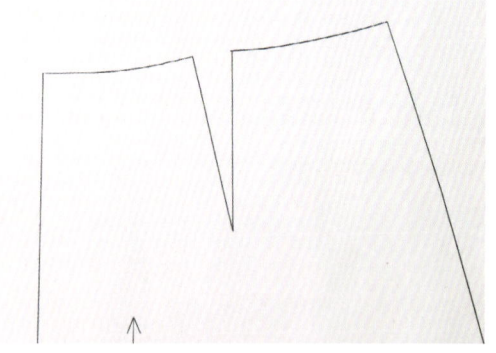

1 複製好原寸紙型。

2 把尖褶的部分如上圖摺疊起來,用描線滾輪器描完成線。

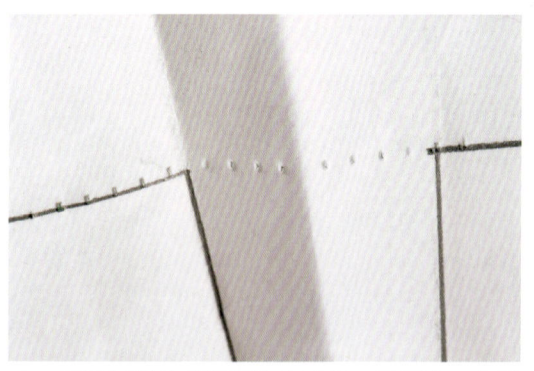

3 滾輪經過的痕跡即為完成線。接下來,在外側畫上和完成線平行的縫份線。

【袖下】

如果袖下的線朝著袖口那一側呈現斜線,要把袖口摺起來,在縫份線上裁切,加上「〉〈」形狀的縫份線。

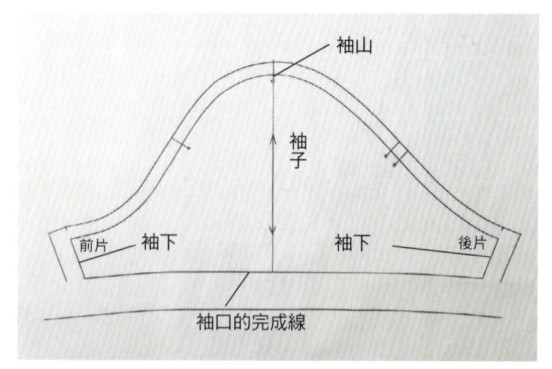

1 複製好原寸紙型,畫上袖山、袖下以及袖口的縫份線。

2 在袖口的完成線上把縫份往上摺,用美工刀裁切袖下的縫份線。

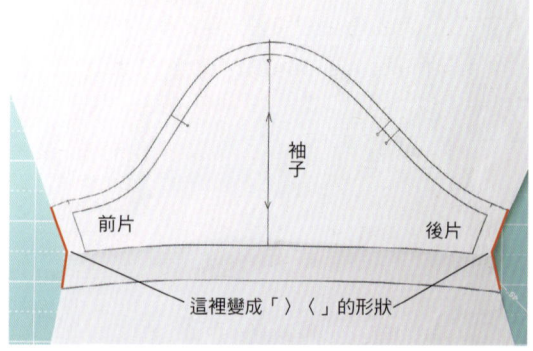

3 把紙攤開後,縫份就變成「〉〈」的形狀。

如何修正紙型

自己做衣服的好處之一，是可以根據實際的尺寸稍作修改。以下介紹身寬、腰圍以及臀圍的簡易修正方法。請注意，如果修改過多會影響到衣服的輪廓，建議每一個部分的增減不可超過4cm。

● 身寬的修正

【縮小】

前後衣身片都從紙型的脇邊線開始往內側縮小，測量出要縮小分量的1/4，往內側畫出完成線的平行線。袖子則從袖下的線開始，和衣身片一樣畫出平行線。

例如：胸圍94cm要縮小成92cm，縮小2cm，因此★是0.5cm。

①從脇邊往內側測量出縮小分量的 $\frac{1}{4}$ ＝★

②往內側畫上和脇邊線平行的線

③取和原本尖褶分量相同的尺寸

④畫上和原尖褶線平行的線

⊙原本的尖褶分量

前身布　後身布　袖子

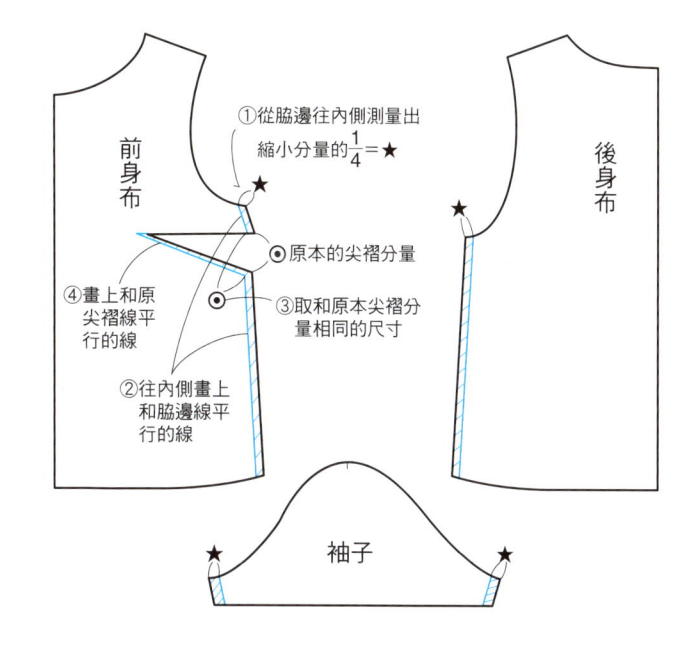

【放大】

前後衣身片都從紙型的脇邊線開始往外側放大，測量出要放大分量的1/4，往外側畫出完成線的平行線。袖子則從袖下的線開始，和衣身片一樣畫出平行線。

例如：胸圍92cm要放大成94cm，放大2cm，因此☆是0.5cm

①從脇邊往外側測量出放大分量的 $\frac{1}{4}$ ＝☆

②往外側畫上和脇邊線平行的線

③取和原本尖褶分量相同的尺寸

④畫上和原尖褶線平行的線

⊙原本的尖褶分量

前身布　後身布　袖子

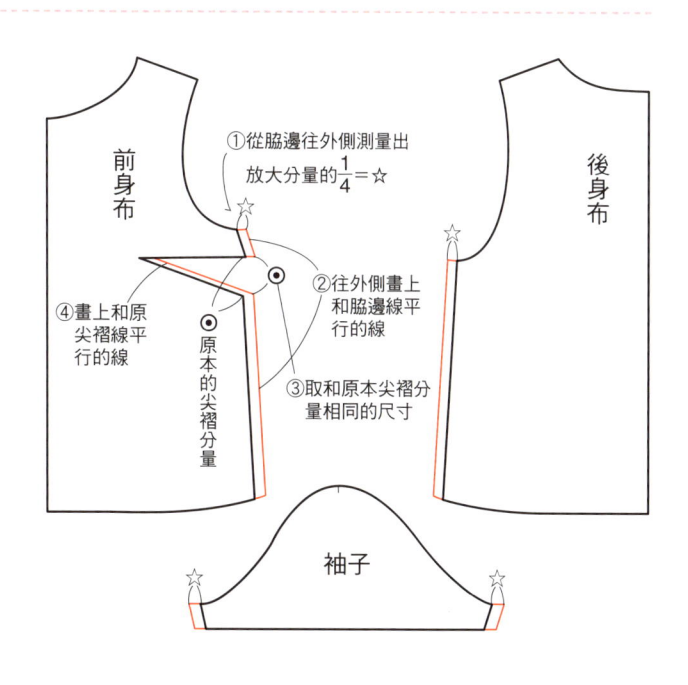

● 裙襬的修正

只要畫上和原裙襬線平行的線，就能自由調整喜歡的裙長。注意，如果裙長過長的話，就會變得不好走路。

【改變長度】

重新繪製一條和原裙襬線平行的線。如果想要縮短，就在紙型的內側畫線；想要加長，就在紙型的外側畫線。

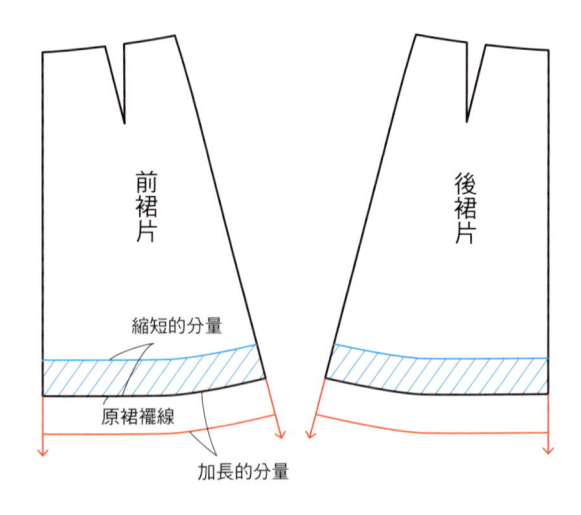

前裙片　後裙片

縮短的分量
原裙襬線
加長的分量

生活中的縫縫補補

正確測量及膝長度

即使身高或腿長相同，「及膝長度」也會出現差異。要正確測量自己的及膝長度，才知道裙長究竟會到腿的什麼位置，在決定裙長時會有所幫助。
測量方式是正面靠著牆或柱子，膝蓋跪在地板上，在腰部的位置做記號，再測量從記號到地板的長度。

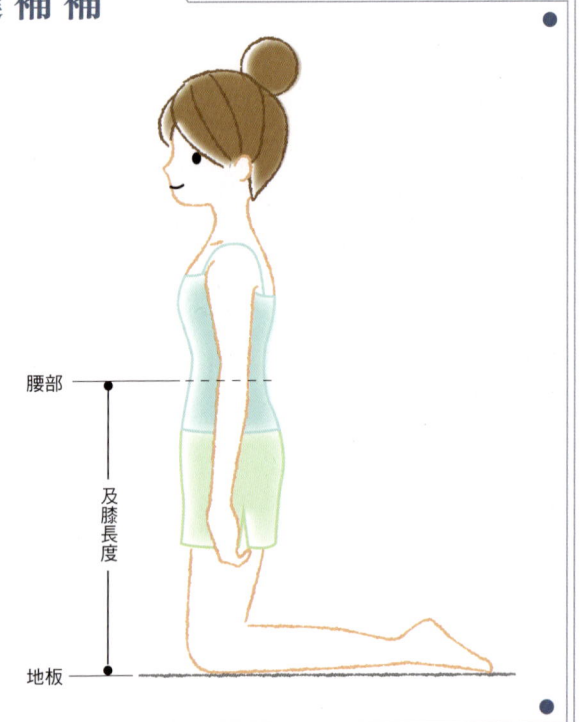

腰部
及膝長度
地板

●腰圍的修正

在腰線的脇邊增減尺寸，就能以自然的弧度和脇邊線流暢地連接在一起。
如果有腰頭，腰頭的長度也要跟著改變。

【縮小】

在腰線的脇邊，測量出要縮小分量的1/4，往內側畫線，和原本紙型的脇邊線連接在一起。如果有腰頭，腰頭的長度也要縮小，所以要改短。

例如：腰圍64cm要縮小為62cm，縮小2cm，因此●是0.5cm。

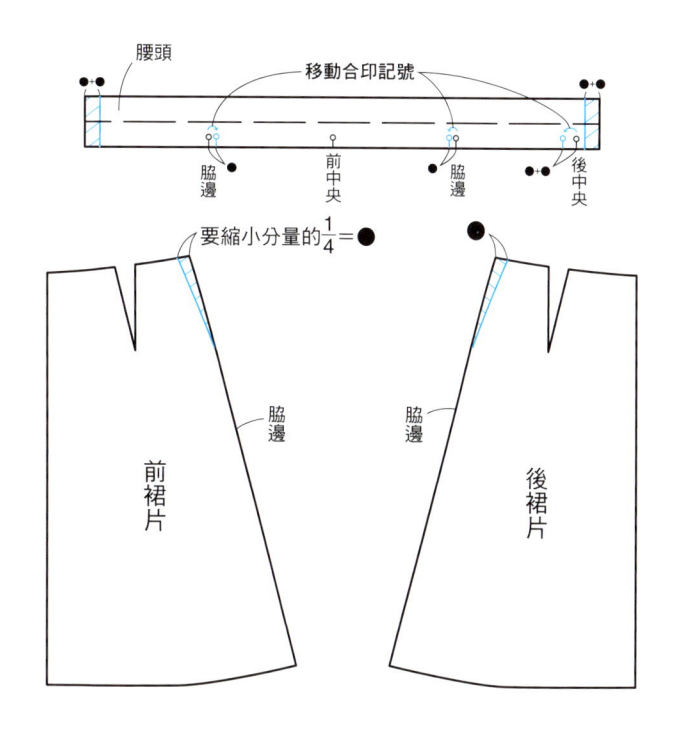

【放大】

在腰圍線的脇邊，測量出要放大分量的1/4，往外側畫線，和原本紙型的脇邊線連接在一起。如果有腰頭，腰頭的長度也要放大，所以要加長。

例如：腰圍62cm要放大為64cm，放大2cm，因此▢是0.5cm。

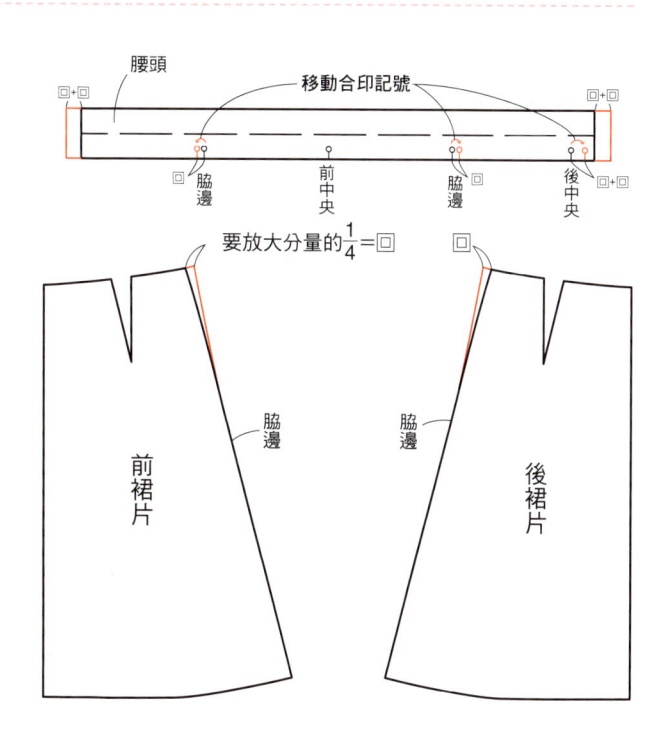

● 臀圍的修正

從腰圍開始往下18cm處被定為臀圍線。臀圍線是在前後中心的線往上延伸,和從腰圍脇邊開始畫下來的線垂直連接,再從這兩條線交接點往下18cm處,垂直畫一條往脇邊的線。以這個位置的尺寸進行修正。

【縮小】

從臀圍線的脇邊往內側取要縮小分量的1/4,重新畫上脇邊線。

例如:腰圍94cm要縮小為92cm,縮小2cm,因此◎是0.5cm。

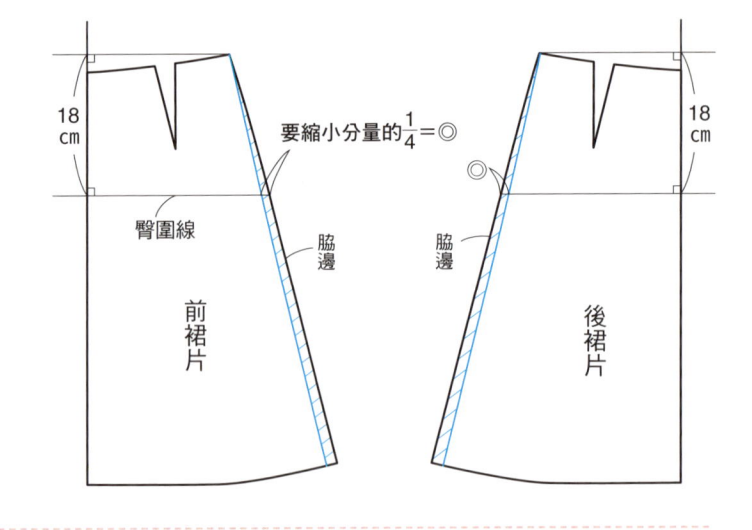

要縮小分量的$\frac{1}{4}$=◎

【放大】

從臀圍線的脇邊往外側取要放大分量的1/4,重新畫上脇邊線。

例如:腰圍92cm要放大為94cm,放大2cm,因此◇是0.5cm。

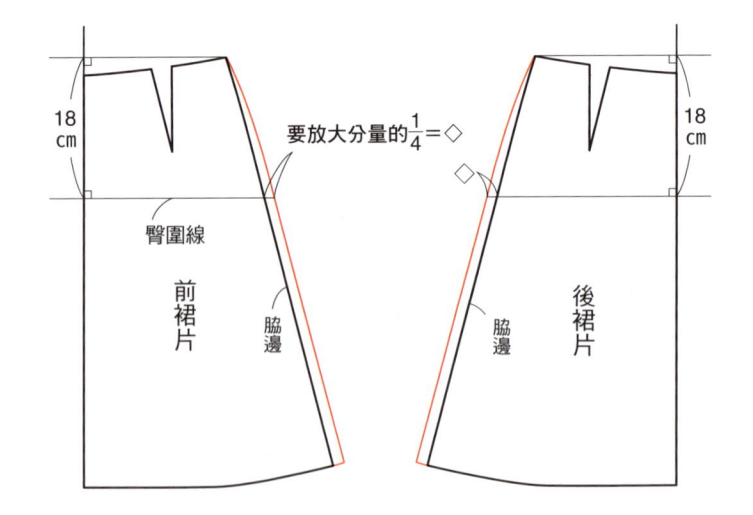

要放大分量的$\frac{1}{4}$=◇

KURAI・MUKI Point

單純放大或縮小影印,無法變更局部的紙型尺寸

以上所介紹的版型修正,並不是等比例放大或縮小即可,因為人體的胖瘦並不會按照等比例改變尺寸。例如,同一個人變胖或變瘦,即使身寬改變了,但肩寬或背長是不會變的。因此單純用影印機放大或縮小紙型,就會變得不合身。

第 3 章

裁布、做記號、熨燙

備齊用具並製作好紙型之後,終於要開始製作作品了。
這一章,我會為大家說明從裁布、做記號到貼布襯的步驟。
除此之外,還會介紹製作過程中必要的熨燙和疏縫方法。
請大家好好學習這些基本縫紉知識。

如何裁布

市面上的縫紉書裡，每一個作品都會出現「分版圖」。做好原寸紙型後，請參考分版圖，把紙型在布料上面做好配置，再進行裁布的動作。如果是簡單的版型，也可以直接在布上面畫線後裁布，但別忘了要加上縫份的尺寸。

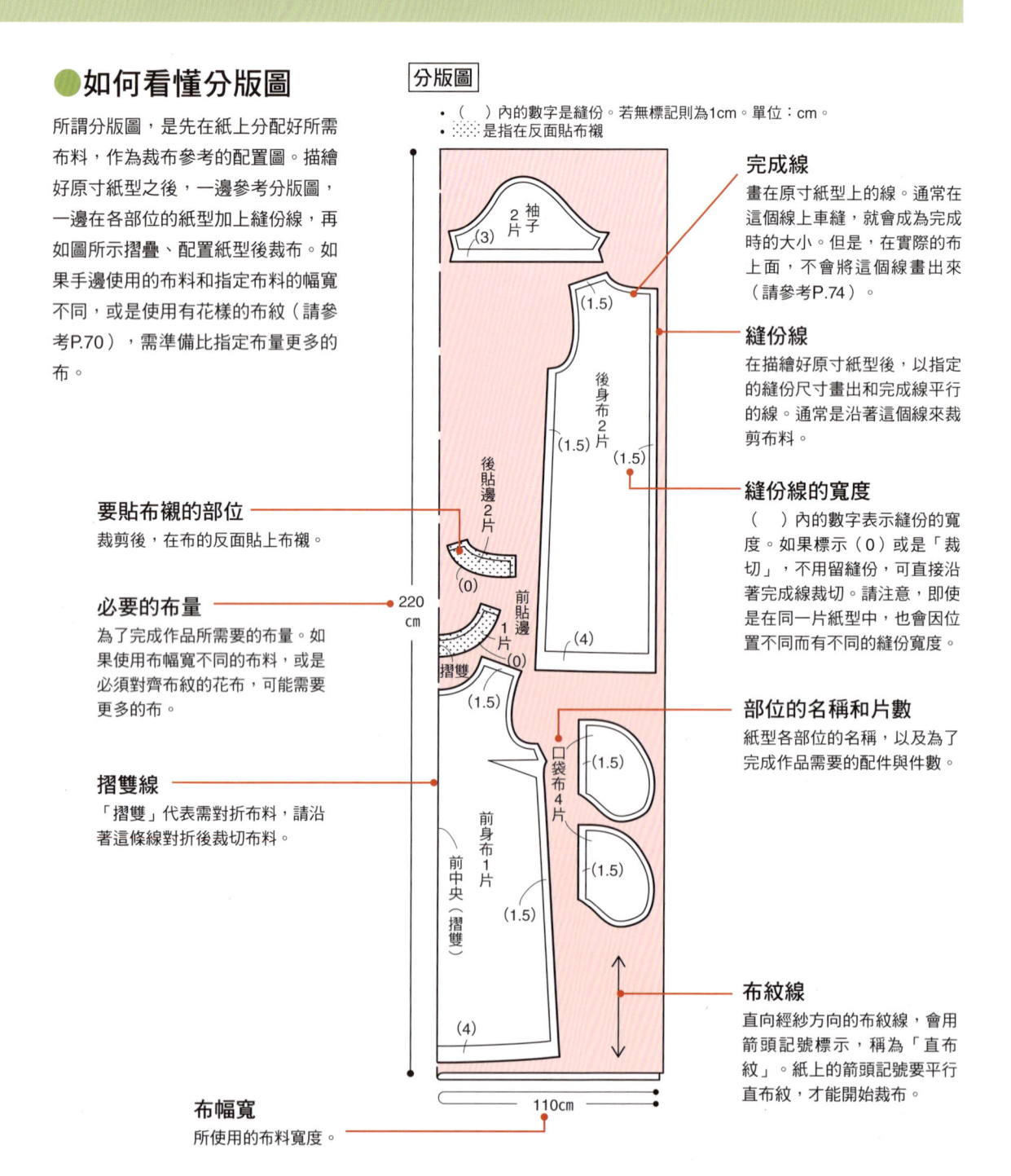

●如何看懂分版圖

所謂分版圖，是先在紙上分配好所需布料，作為裁布參考的配置圖。描繪好原寸紙型之後，一邊參考分版圖，一邊在各部位的紙型加上縫份線，再如圖所示摺疊、配置紙型後裁布。如果手邊使用的布料和指定布料的幅寬不同，或是使用有花樣的布紋（請參考P.70），需準備比指定布量更多的布。

分版圖

- （　）內的數字是縫份。若無標記則為1cm。單位：cm。
- ▨ 是指在反面貼布襯

要貼布襯的部位
裁剪後，在布的反面貼上布襯。

必要的布量
為了完成作品所需要的布量。如果使用布幅寬不同的布料，或是必須對齊布紋的花布，可能需要更多的布。

摺雙線
「摺雙」代表需對折布料，請沿著這條線對折後裁切布料。

布幅寬
所使用的布料寬度。

完成線
畫在原寸紙型上的線。通常在這個線上車縫，就會成為完成時的大小。但是，在實際的布上面，不會將這個線畫出來（請參考P.74）。

縫份線
在描繪好原寸紙型後，以指定的縫份尺寸畫出和完成線平行的線。通常是沿著這個線來裁剪布料。

縫份線的寬度
（　）內的數字表示縫份的寬度。如果標示（0）或是「裁切」，不用留縫份，可直接沿著完成線裁切。請注意，即使是在同一片紙型中，也會因位置不同而有不同的縫份寬度。

部位的名稱和片數
紙型各部位的名稱，以及為了完成作品需要的配件與件數。

布紋線
直向經紗方向的布紋線，會用箭頭記號標示，稱為「直布紋」。紙上的箭頭記號要平行直布紋，才能開始裁布。

1 把紙型配置在布上面，用珠針固定

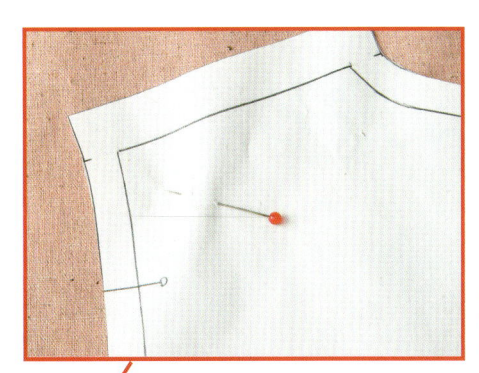

在完成線的內側，用珠針的尖端插入固定。

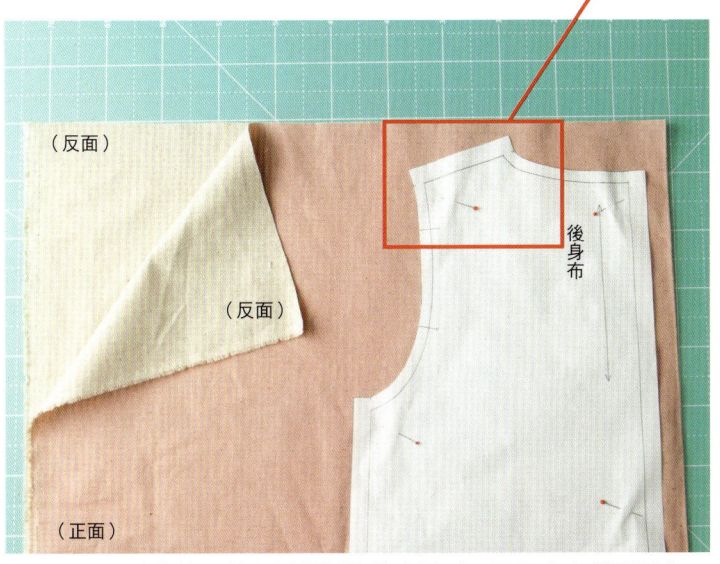

（反面）
（反面）
（正面）
後身布

以反面相對的狀態，將布料對折後放上紙型，兩層布和紙型疊在一起，用珠針固定好。（依作品的不同，有時也會以正面相對的狀態疊在一起。）

KURAI・MUKI Point
布邊必須與直布紋記號平行配置

布邊（布料的邊緣）要平行對齊紙型上的布紋線箭頭。放置時建議使用方格尺輔助，才能在布紋不扭曲的狀態下裁好布料。

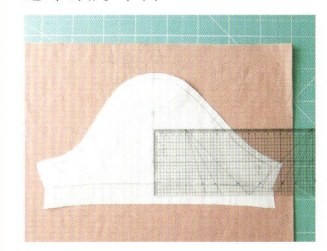

第3章 裁布、做記號、熨燙

如何裁布

【如何裁剪標示「摺雙」的布料】

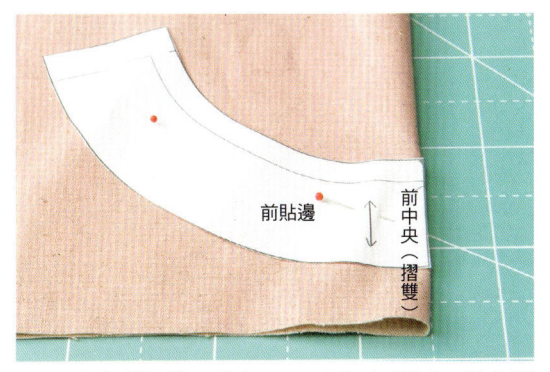

前貼邊　前中央（摺雙）

1 寫著「摺雙」的部分，先把布對折，對齊摺線後放上紙型。

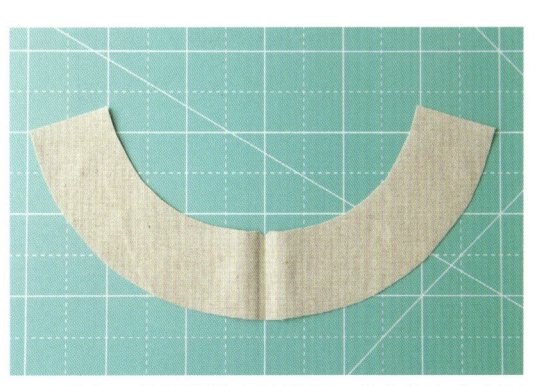

2 裁布。裁好後將布料攤開，就會裁出左右對稱的布片。

67

2 裁布

【用布剪裁布】

放在桌子等平坦的地方，為了避免紙型邊緣翹起來，用手指壓著。剪刀下側的刀刃靠著桌子，刀刃不可傾斜，和布以垂直的角度裁剪。

【用滾輪刀裁布】

鋪好切割墊後，把布放在切割墊上面。手指壓著紙型的邊緣，把滾輪刀的刀刃垂直布面壓向切割墊，由後側往身體的方向滑動，一直裁切到記號結束的位置為止，裁切過程中，小心不可讓紙型和布分離。

KURAI・MUKI Point
不要把布拿起來剪

拿起布面剪裁時，容易產生錯位，無法正確裁布。一定要像左邊欄位的照片一樣，放在平坦的地方。不要將剪刀抬高，以剪刀下側抵著桌面的狀態進行裁布。

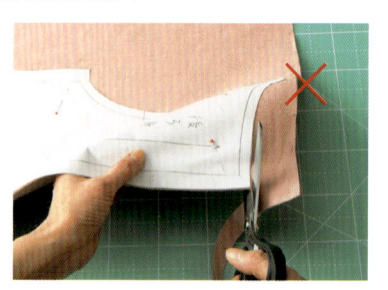

推薦的用品

滾輪刀

切割墊

比起布剪，滾輪刀能夠更快速正確地裁好布料。切割墊除了能保護桌面，在描繪紙型時，如果沒有大桌子，必須在地板上作業的時候也能派上用場。

●製作滾邊條

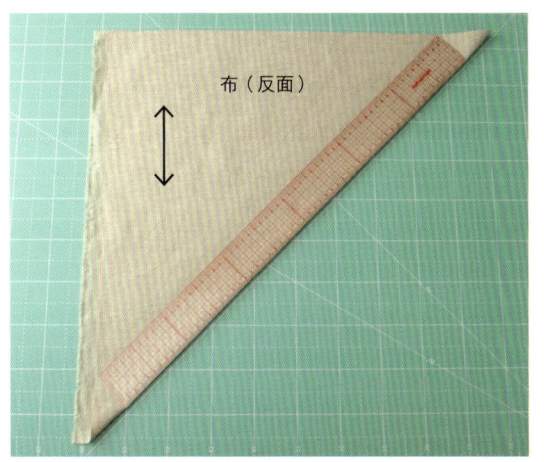

1 準備一塊正方形的布,以正面相對的方式對折成三角形。把方格尺對齊摺線,用記號筆取適當的寬度畫線(請參考P.126,上圖以5cm為例)。

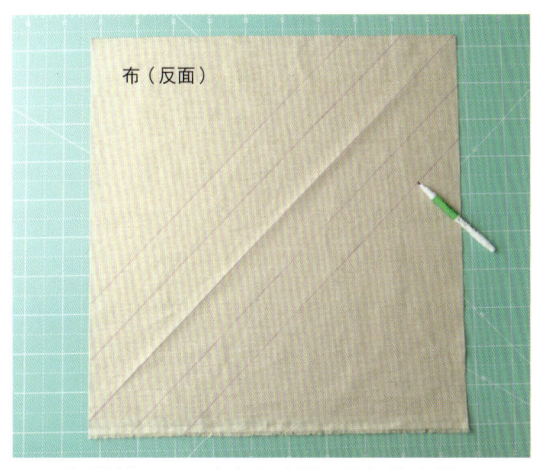

2 每距離5cm,畫上和步驟1平行的直線。

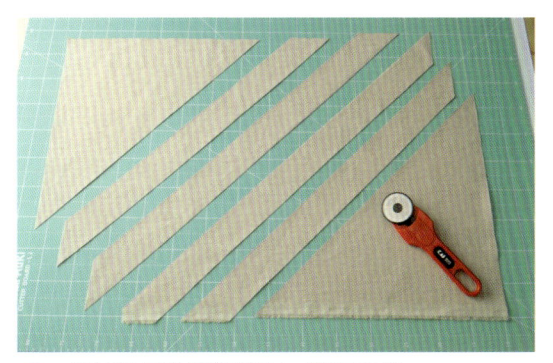

3 用滾輪刀沿著線裁布,裁下布條。

第3章 裁布、做記號、熨燙

如何裁布

KURAI・MUKI Point
沒有分版圖的時候,就從最大的部位開始裁布

遇到沒有分版圖可以參考的情況,請從最大的部位開始配置,再放小的部位。因為如果從較小的部位開始裁布,最後可能會遇到較大的部位布量不足的問題,請務必注意。

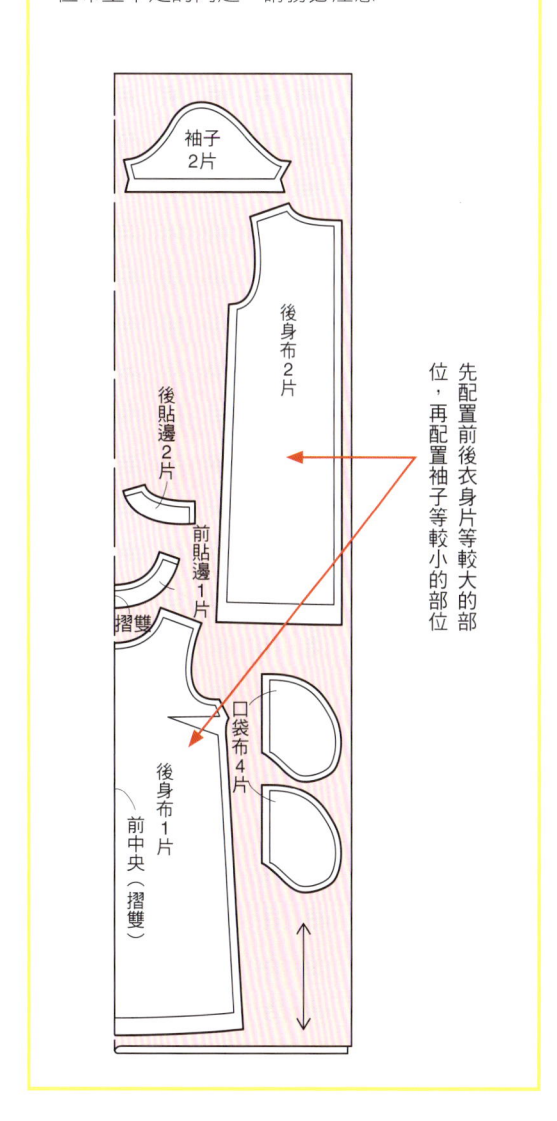

先配置前後衣身片等較大的部位,再配置袖子等較小的部位

- 袖子 2片
- 後身布 2片
- 後貼邊 2片
- 前貼邊 1片
- 摺雙
- 口袋布 4片
- 後身布 1片
- 前中央(摺雙)

69

●配置時要對齊布的花紋

使用格紋圖案或有特定方向的印花布，要預設完成時的模樣，在排紙型時要對齊花紋，使圖案具有連貫性。因此，要把紙型配置在圖紋的哪個方向十分重要。以下讓我們來看看幾個範例。

【圖案有上下方向的布料】

像下圖的鳥圖紋有固定的方向，排紙型就要配合鳥圖紋是往上或往下。如果圖案本來就是上下不規則排列的圖紋，就不需要在意。

配置紙型時，圖紋的上下方向要配合紙型的上下方向。

上圖是把後裙片的紙型，圖紋上下顛倒放的錯誤範例。雖然這麼做可節省用布量，但是完成品會如下圖所示，左右腿的圖紋方向相反。

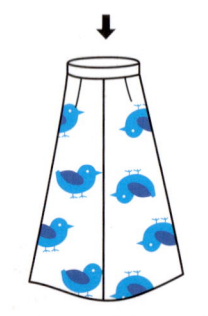

有上下方向圖紋的布料。

【大型圖案的布料】

大型花紋或有明顯形狀的圖紋，先決定好在圖案之中當作重點的位置，把重點圖案配置在作品的中央等最醒目的位置。在這種情況下，布量要多準備一點。

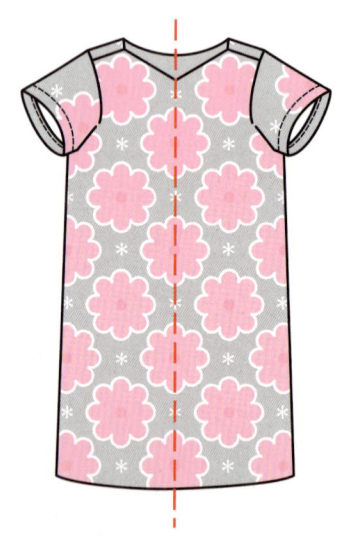

如果是製作連身裙，在裁布時，要把圖案的中央位置放在前身片的中央來配置紙型。

【大型格紋的布料】

排列時，兩片布的花紋要完全相同。紙型的中央，要和格子的中央重疊配置。脇邊的部分，為了讓前後的格紋對齊，請參考以下重點1～3來配置。不過，如果是嘉頓格紋（Gingham Check）等細小方格紋，就不需要在意。

重點1
在格紋布的中央位置對折，紙型的前後中央要對齊摺線。

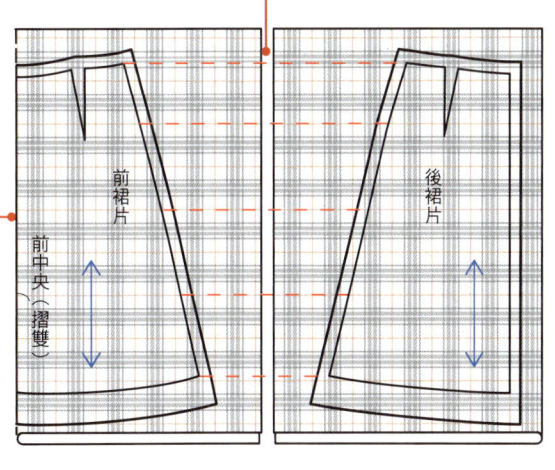

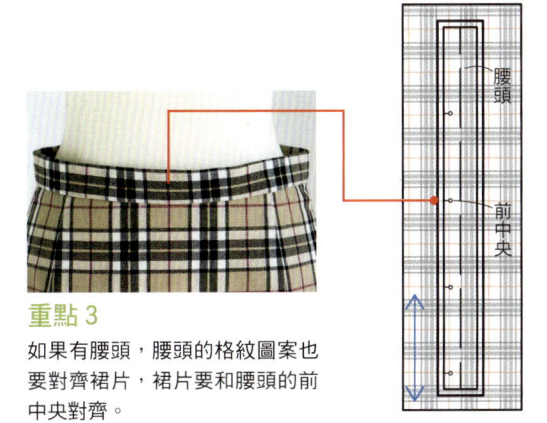

重點2
在縫合前裙片和後裙片的脇邊時，側邊接合處的格紋要對齊。

重點3
如果有腰頭，腰頭的格紋圖案也要對齊裙片，裙片要和腰頭的前中央對齊。

第3章　裁布、做記號、熨燙

如何裁布

KURAI・MUKI Point

需要對齊圖紋的布，布量要多買三成

雖然分版的基本原則是儘可能不要浪費布料，但如果需要對齊圖紋的話，就無法以最省布的方法裁布，必須準備比指定布量更多的布。一般來說，至少要比指定布量再多買三成的布。

如何做記號

為了能更準確地進行車縫，需要在拼接處、尖褶位置、安裝口袋的位置等地方做記號。一般在布上做記號，都是使用記號筆或複寫紙，除此之外，也可以善用在縫份上剪「牙口」的技巧。

●牙口

所謂牙口，是指「剪一刀切口」。裁布後將兩片布對齊，先在縫份上剪一刀切口，車縫時只要對準牙口就不容易錯位。

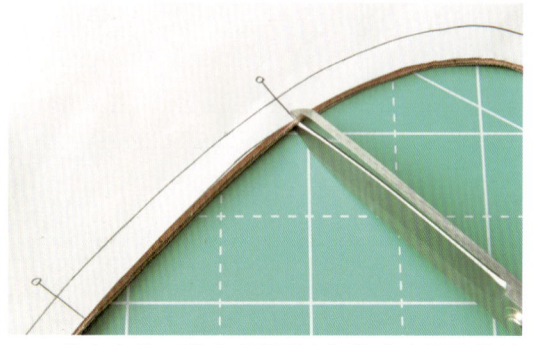

1 裁布之後，請參考紙型上標註合印記號的位置，剪一刀切口。如果縫份是1cm寬，剪切口的深度需控制在0.3〜0.5cm左右。

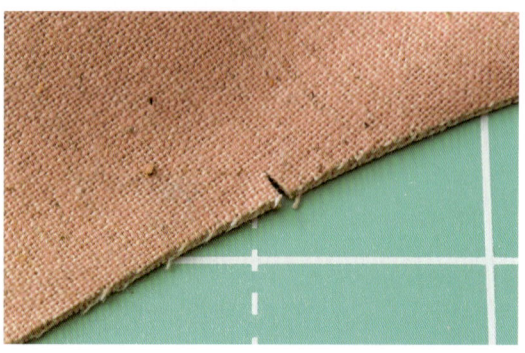

2 剪了切口的狀態。注意不要剪到要車縫的位置（完成線）。

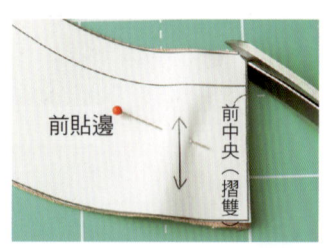

「摺雙」的中央部分
把上側的縫份角落剪一個缺角，這就成為中央的合印記號。

●描線滾輪器和布用複寫紙（雙面）

如果需要在轉角處或圓弧處做記號，把布用複寫紙裁切成5cm寬，夾在布和布之間，用描線滾輪器描繪，即可將記號複印過去。

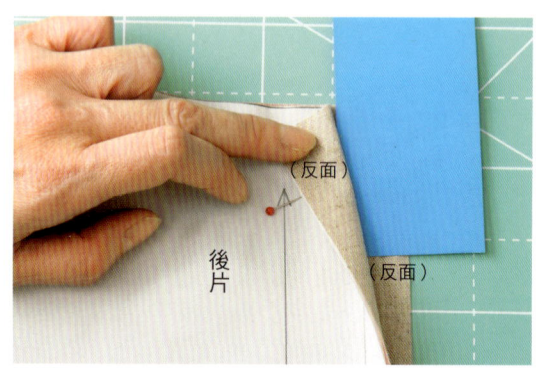

1 把兩片布反面相對疊起來，中間夾入布用複寫紙即可描繪。如果是要做口袋位置的記號，記號必須要出現在布的正面，要把兩片布以正面相對的方式相疊。

2 用描線滾輪器描繪記號。

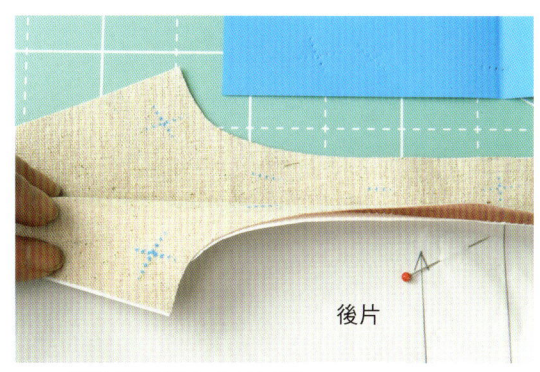

3 記號已經印在布的反面。

後片

●記號筆

一種遇水字跡就會消失的裁縫工具。使用記號筆在完成線內側畫上尖褶或口袋的位置。

【尖褶】

（反面）

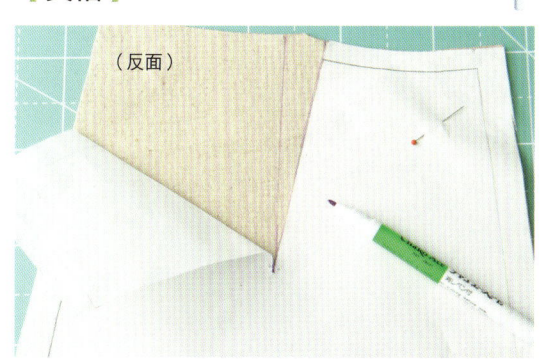

裁切掉紙型的尖褶部分，在反面畫上V字形的尖褶線。

【安裝口袋的位置】

在預訂安裝口袋的位置上用錐子打幾個洞，將打好洞的紙型疊在布上面，在洞的位置上用記號筆打點做記號。

●線釘記號法

對於記號筆不容易上色的羊毛等布料，要用疏縫線（請參考P.84）來做記號。這個方法稱為「線釘」，又稱為「剪線假縫」。

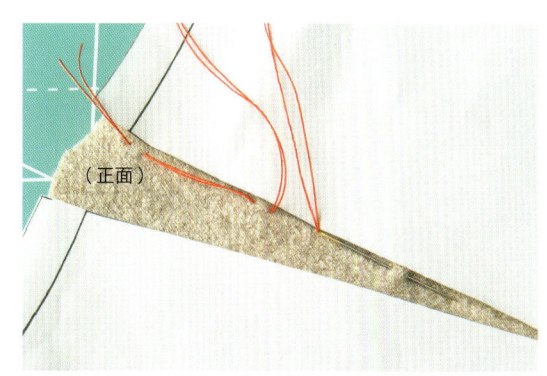

（正面）

1 裁切掉紙型的尖褶部分，將兩片布重疊在一起後，取雙線，以2〜2.5cm的針距疏縫。

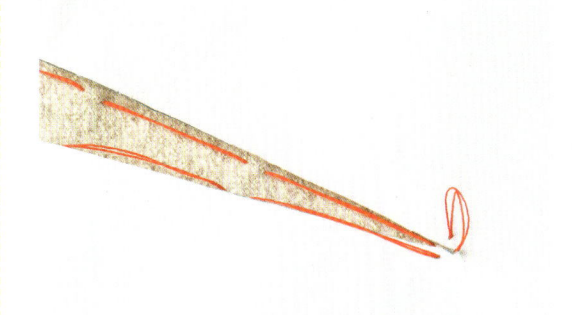

2 縫到V字形的尖端時，要縫成十字形。

3 接著把另一邊也縫好。

第3章 裁布、做記號、熨燙

如何做記號

73

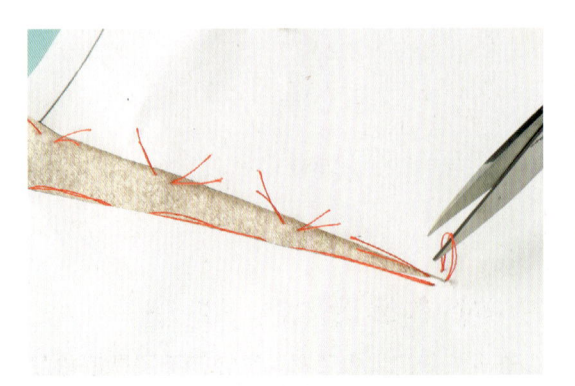

4 用紗剪剪斷縫線的中央。

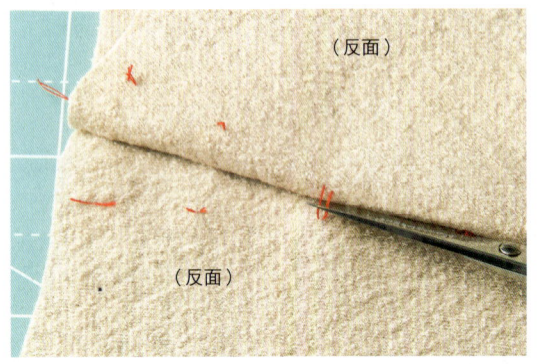

（正面）

6 把線過長的地方，用紗剪修短到大約接近布面的程度。

（反面）
（反面）

5 把紙型取下，把其中一片布翻過去，剪開穿在兩片布之間的線。

7 用熨斗壓線，避免線脫落。

老師，我有疑問！

Q 不用畫完成線也沒關係嗎？

A **是的。只畫必要的記號即可。**

若已經在合印記號上剪牙口，只要能用一定的寬度進行車縫的話，即使不畫上完成線也能完美車縫。而且因為省下畫線的步驟，所以能縮短作業時間，非常有效率！不過，對於沒畫上完成線還是有點不放心的人，可以在轉角處和圓弧線的部分多加上幾個記號。

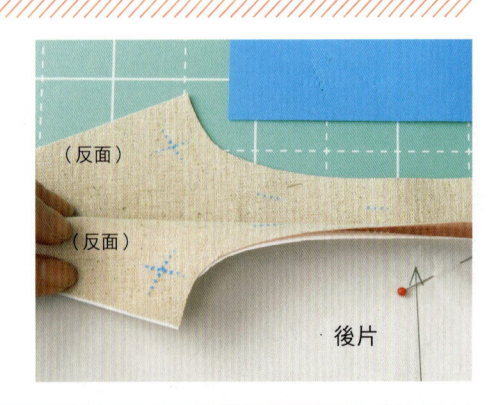

（反面）
（反面）
後片

布襯的使用方法

布襯是一種附有黏膠的內襯,作用是讓布料變硬挺或是防止布料變形,通常使用熨斗燙平即可黏貼固定。布襯有各種材質或厚度,需搭配布料或用途來挑選。

●布襯的功能和黏貼位置

■讓布料變硬挺,保持美麗的輪廓。
　例:領子、貼邊、袖頭、襯衫門襟等等。
■貼在容易變形的位置,防止布料被拉伸。
　例:領圍、裙子的脇邊拉鍊等等。
■加強經常施力而容易拉扯的部位。
　例:安裝扣子的部位,袋口的兩端等等。
如果使用厚布料,或是希望完成觸感柔軟的作品,也有可能不貼布襯。

●布襯的種類

【紙襯】

纖維不經過編織,而是以壓縮的方式製成黏合布片狀的製品,價格比較便宜。適合用在包包或小物上。

【薄布襯、洋裁襯】

材質是布料,從軟到硬有各式各樣的厚度,上圖為薄布襯。洋裁襯具有伸縮性,可用於針織材質以及編織物。

●布襯的厚度和挑選方法

布襯有分薄襯、中厚襯、厚襯等不同厚度的製品,需根據布料厚度、使用位置以及用途來挑選。如果不確定要選哪一個厚度,可以參考商品包裝上的附加說明。一般來說,使用薄布料製作的女裝襯衫貼邊用薄布襯,如果是製作包包等,則建議使用厚布襯。

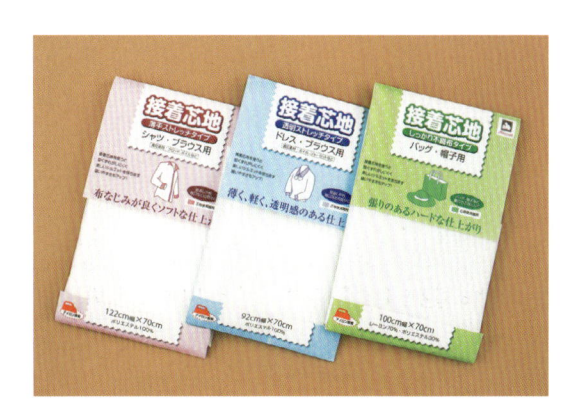

推薦的用品

捲筒式的萬能布襯

對於經常使用布襯的人來說,捲筒式布襯的量很大,從小物到衣服都能使用,是非常划算的選擇。上圖分別為寬15cm和寬35cm的尺寸,容易對齊布紋,使用起來很方便。

第3章 裁布、做記號、熨燙 / 如何做記號 / 布襯的使用方法

75

●布襯的貼法

為了容易理解,以下使用黑色的布襯示範。

熨燙墊紙
布(反面)
布襯(黏膠面)

1 布料裁剪好之後,在反面疊上布襯的黏膠面(表面亮亮的那一側),熨斗調到中溫,不需噴水,從正上方按壓10秒左右,按壓時需避免布襯移位。如果在燙衣板上先鋪好熨燙墊紙(可用烘焙紙或描圖紙替代),就不會因布襯的黏膠而弄髒燙衣板。

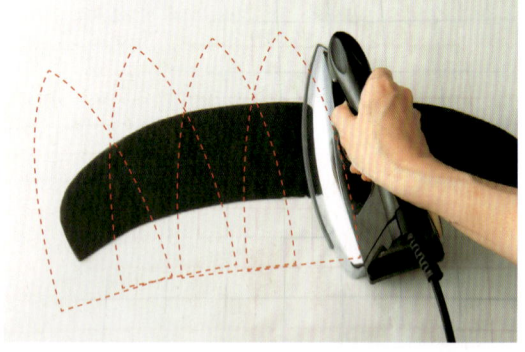

2 用熨斗按壓布料整體,使布襯平整地黏貼在布上,不可產生空隙。直到冷卻之前,都不要移動布料。

KURAI・MUKI Point
布襯要用乾式熨斗以中溫（130度～150度）黏貼

在貼布襯的時候,不可以使用蒸氣功能,否則布襯有可能會脫落。用中溫的乾式熨斗來黏貼,在熱度冷卻之前都不要移動。

老師,我有疑問!

請問如何讓布襯平整服貼在布面上、不產生皺褶呢?

A 熨斗不要用推滑的,重點是要從正上方按壓。

如果像為了燙平襯衫的皺褶一樣推滑熨斗,布襯就容易錯位,無法貼得很漂亮。一點一點地移動位置,以從正上方按壓10秒左右的方式來動作。

○ 好的例子
布與布襯完全平整地貼合在一起。

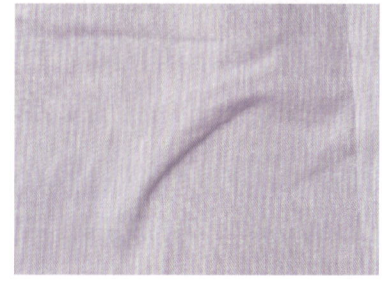

× 壞的例子
到處都有沒貼好的地方,布料產生皺褶。

洋裝領子處的布襯與布料完全密合服貼,沒有變形的美麗成品。

●防拉伸膠帶（牽條）的貼法

把薄布襯切割成膠帶狀的商品，俗稱為襯條、牽條或嵌條。單面有黏膠，市面上可購買到1〜5cm等不同的寬度。貼在布料容易拉伸變形的部分，使成衣外觀呈現良好的效果。

【貼防拉伸膠帶的位置範例】

具有伸縮性的針織布，在車縫的時候有可能會被拉長。為了避免這種狀況，建議在容易被拉長的肩部等位置貼上防拉伸膠帶。此外，有時也會貼在普通布料上，例如領圍、安裝拉鍊或口袋等經常需要拉扯的地方。

貼在針織布的肩線位置。

貼在安裝口袋或拉鍊的脇邊位置。

貼在布容易被拉扯的領圍位置。

KURAI・MUKI Point
貼在要車縫的位置

把防拉伸膠帶貼在要車縫的位置上，用乾式熨斗燙貼固定（請參考P.76），就可以防止布料拉伸。在對齊布邊的情況下，如果寬度貼不到要車縫的位置，就稍稍和布邊拉開一點距離，以可以貼到車縫線的位置為主。

第3章 裁布、做記號、熨燙

布襯的使用方法

布邊和縫份的處理方法

大部分的布料在裁切後都需要處理布邊，否則很容易綻線。以下介紹讓布料裁切後不脫紗的幾種方法，以及車縫之後如何處理縫份，讓成品更為美觀。

●基本的布邊處理

鋸齒縫（Z字縫）
可使用家用縫紉機的「鋸齒縫」花樣來處理布邊。

鎖邊縫
另一個可使用家用縫紉機的包邊方式，比鋸齒縫更牢固。

拷克機
使用專用縫紉機（請參考P.7）來處理布邊。市面上大部分的成衣都是使用這個方法。

KURAI・MUKI Point
鋸齒縫務必使用專用壓布腳

雖然用基本的壓布腳也能做鋸齒縫，但如果使用「布邊接縫壓布腳」，布邊就不會被鋸齒縫的縫線捲進去，成品會比較漂亮。

布邊接縫壓布腳（請參考P.29）

●開縫份的方法

兩片布接合完成後，將縫份完全往兩側攤開，用熨斗前端在縫線上方熨燙。

●倒縫份的方法

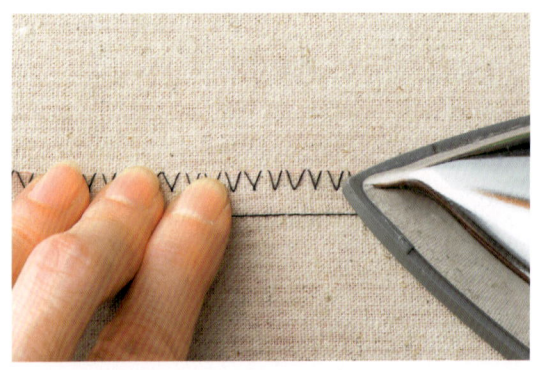

兩片布接合完成後，把縫份倒向其中一邊，用熨斗輕輕按壓。

●不鎖邊處理布邊的方式

【袋縫】

把布邊車縫成袋狀的方法，適合薄布料或容易脫紗鬚邊的布。

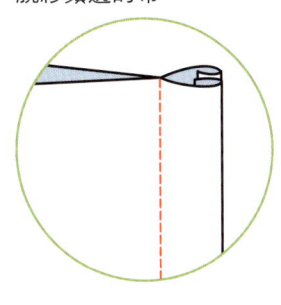

反面

正面

從正面看不到縫線。

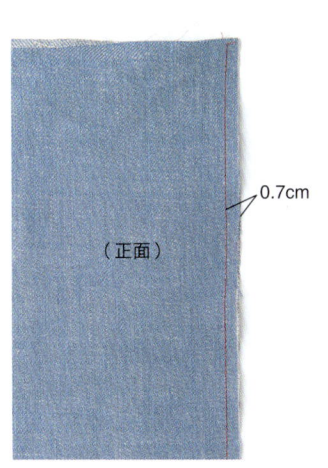

1 如果縫份設定為1.5cm，將兩片布的反面相對對齊，在距離布邊0.7cm的位置車縫，車縫縫份寬度約一半的位置即可。（也就是說，縫份如果是1cm，就車縫在0.4cm的地方）。

（正面） 0.7cm

2 打開布面，正面朝上，用熨斗將縫份燙開。

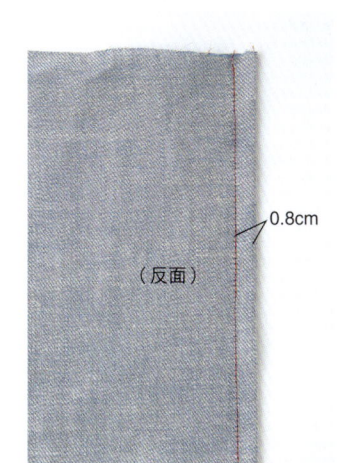

（正面）　（正面）

3 將布料翻到反面。正面相對，沿著縫線對折起來。

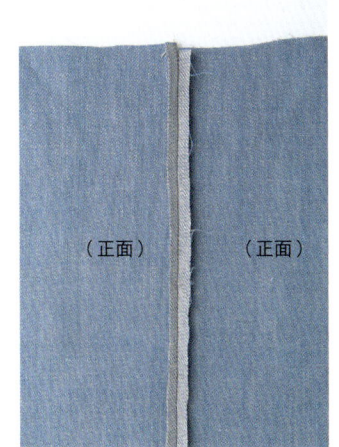

（反面）

4 從距離摺線0.8cm的位置車縫（如果縫份是1cm，就車縫0.6cm的地方）。

（反面） 0.8cm

第3章 裁布、做記號、熨燙

布邊和縫份的處理方法

79

【包摺縫】

這個縫法能夠將邊緣完全包覆起來，常用在牛仔褲或工作服等服裝的接合處。

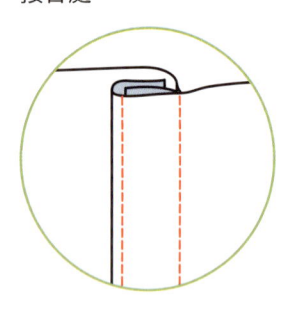

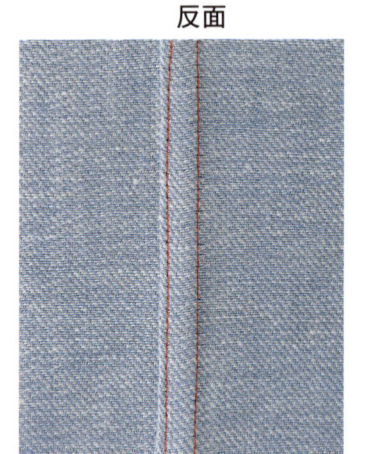

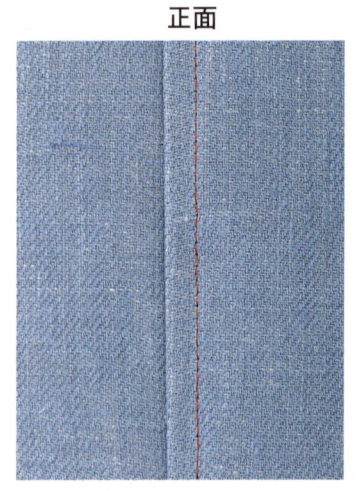

反面

正面

從正面只會看到一條縫線。

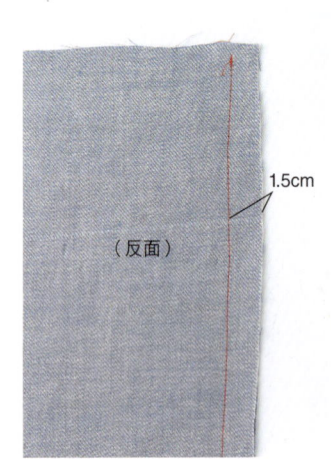

1
如果縫份設定為1.5cm，把兩片布的反面相對對齊，在距離布邊1.5cm的位置車縫。

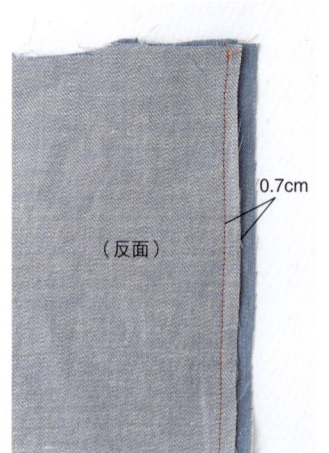

2
把其中一側的縫份修剪至0.7cm，以減少縫份的厚度。

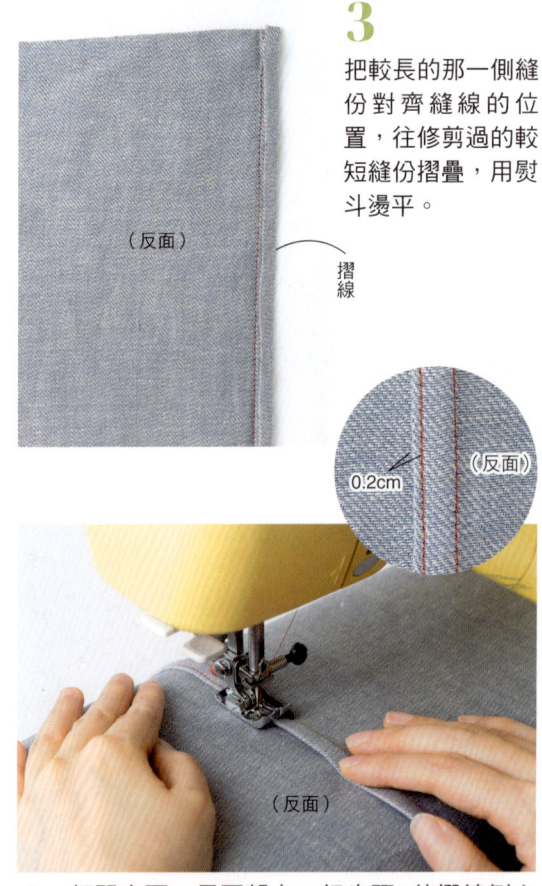

3
把較長的那一側縫份對齊縫線的位置，往修剪過的較短縫份摺疊，用熨斗燙平。

4
打開布面，反面朝上，把步驟3的摺線倒向一邊，在距離邊緣0.2cm的位置車縫。

【雙邊摺縫】

這個縫法因為把縫份燙開，可以完成輕薄又漂亮的布邊處理。

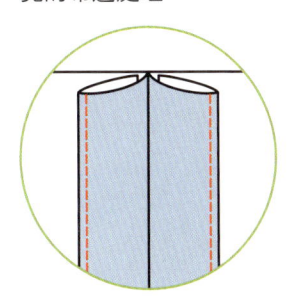

反面 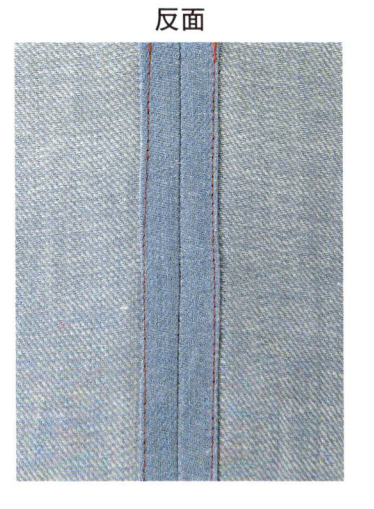　　　　　　　　正面

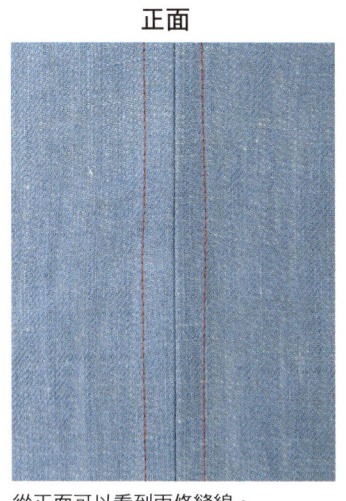

從正面可以看到兩條縫線。

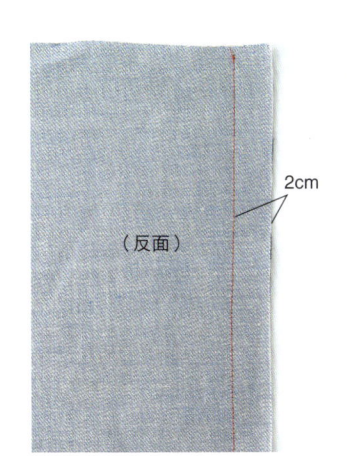

1
縫份設定為2cm，把兩片布的正面相對對齊，在距離布邊2cm的位置車縫。

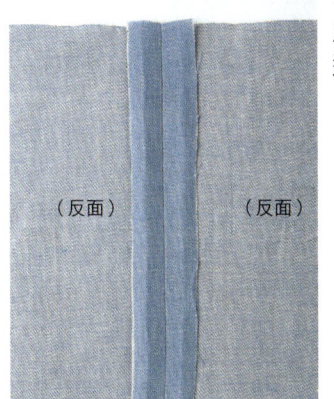

2
用熨斗把縫份往兩邊燙開。

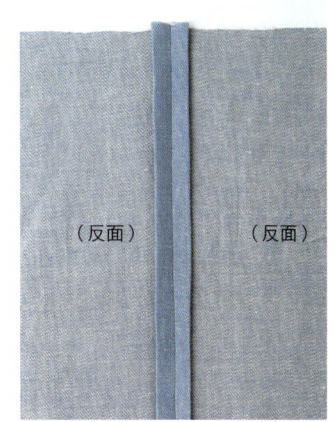

3
把已燙開的縫份布邊向反面摺進去，用熨斗燙平。

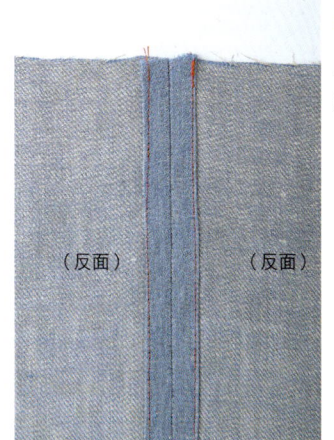

4
車縫步驟3的摺線邊緣。

第3章 裁布、做記號、熨燙

布邊和縫份的處理方法

熨斗的活用法

為了漂亮地完成作品，在製作過程中活用熨斗非常重要。在使用縫紉機時，請同時準備好熨斗備用。如果要熨燙衣服的袖口或衣領等狹小部位，善用熨斗的尖角處即可輕鬆熨燙。以下介紹幾個使用熨斗的訣竅。

使用熨斗的尖角

燙開縫份，或是把縫份倒向一邊燙平。上圖是正在燙開縫份的狀態。

使用熨斗整體

貼布襯。上圖是正在把布襯貼在領子反面的狀態，使用熨斗整體熨燙。

使用熨斗的側邊

將曲線處的縫份燙平。上圖是圓領的縫份剪了牙口，正在將縫線處反摺處壓平的狀態。

使用熨斗的尖角

利用燙衣板整理袖子的形狀。上圖是正在將接合袖的袖山部位燙出美麗的圓弧形。

整燙各種布料的適合溫度

溫度		布
低	100～130度	壓克力棉等人造纖維
中	130～150度	絲絹
中	160～170度	羊毛
高	180～200度	棉・麻

※大部分的布襯是以聚酯纖維或尼龍布料製成，請用中溫的乾式熨斗來燙貼。

KURAI・MUKI Point
腰帶和下襬位置，車縫前先用熨斗燙好縫份

腰帶和下襬這兩處，一旦稍微縫歪就要整個拆掉重來。建議在車縫之前先用熨斗燙好縫份，再用縫紉機車縫，接下來的作業會更順暢。

右圖是裙子的腰帶部分。在車縫之前，先用熨斗燙出三摺邊。

●縫份的兩摺邊、三摺邊

（完全三摺邊 / 三摺邊 / 兩摺邊）

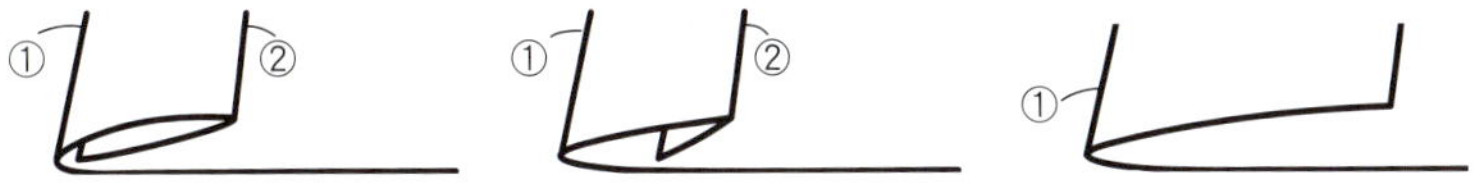

①②表示摺的順序

KURAI・MUKI Point

首先要先摺好完成線

做出漂亮三摺邊的第一步是先把縫份燙好。取熨斗用定規尺量好刻度，對齊完成線後往反面摺兩次，即可摺出完美的三摺邊。

【兩摺邊】

使用熨斗用定規尺，在完成線上把縫份的部分往上摺，再用熨斗確實燙平。

推薦的用品

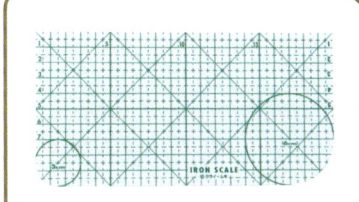

熨斗用定規尺

材質耐高溫，方格線間距為0.5cm。用在縫份要進行兩摺邊或三摺邊處理時，十分方便。

【三摺邊】

1 和兩摺邊一樣，在完成線上把縫份的部分往上摺。

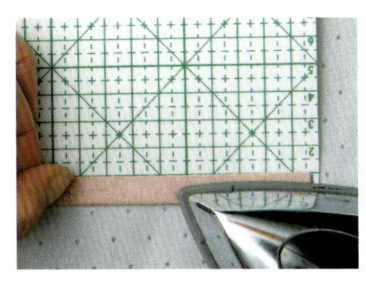

2 把布攤開，從布邊把指定寬度的位置向上摺起來。

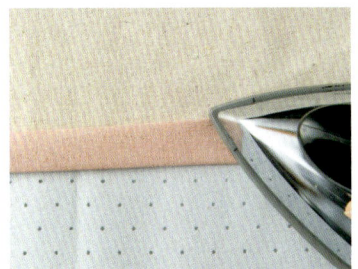

3 再次往上摺到步驟1的完成線，並用熨斗壓平。

【完全三摺邊】

1 和兩摺邊一樣，在完成線上把縫份的部分往上摺。

2 把布攤開，把布邊對齊步驟1的摺線後向上摺起來。

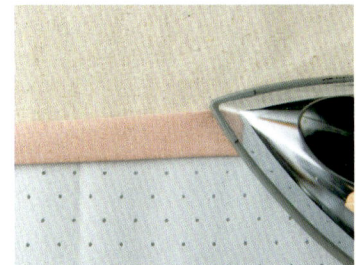

3 再次往上摺到步驟1的完成線，並用熨斗壓平。

第3章 裁布、做記號、熨燙 — 熨斗的活用法

如何疏縫

為了能用縫紉機正確又輕鬆地車縫，會先用手縫的方式進行暫時性的「假縫」，避免已對齊的布面位置錯位，這個動作稱為「疏縫」。疏縫需使用疏縫專用線，以下也會一併介紹其他能夠防止布面位置錯位的便利用品。

【疏縫線】

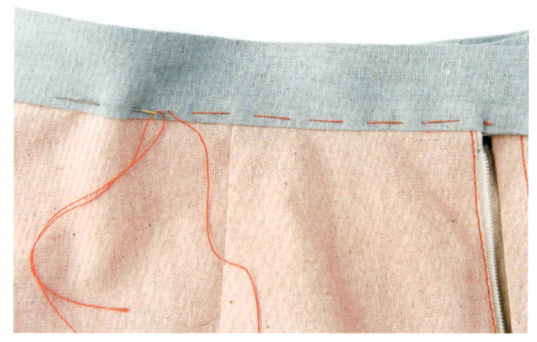

使用疏縫專用線（如果手邊沒有，也可以用手縫線或是機縫線替代），在預定車縫位置的旁邊，用大約2cm的針距來手縫。用縫紉機車縫完成後，疏縫線要拆掉，因此疏縫線穿針後，不需打始縫結。如果是安裝拉鍊等作業，可以將縫紉機設定較大的縫線針距來車縫疏縫線，稱為「疏縫車縫」。

推薦的用品

線軸式疏縫線

一般市售疏縫線的都是以「麻花捲」的狀態整束販售，但左圖這種線軸式疏縫線比較不占空間。每次使用只要剪下必要的分量，比傳統疏縫線更方便。製作拼布等作品時經常使用此款疏縫線。

【筆式布用口紅膠】

暫時固定用的裁縫專用膠。筆的形狀方便塗抹在細小部位，可輕鬆固定好布料，而且可以在膠上面直接車縫。塗過膠的地方會變成藍色，乾了之後會變透明，下水後膠就會脫落。

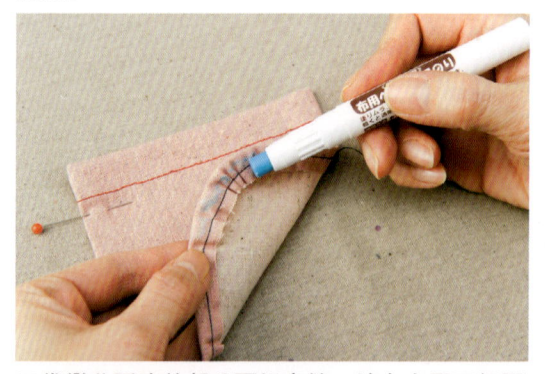

口袋彎曲弧度的部分不好車縫，塗上布用口紅膠即可暫時黏好固定。

【布用雙面膠】

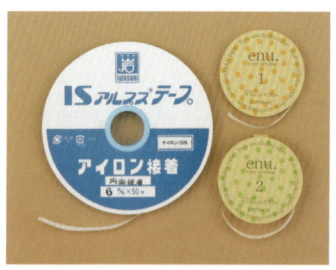

可用熨斗來燙貼的布用雙面膠。卷軸式的設計，免裁剪就能使用在細小部位。在貼了膠帶的布料上面也可以直接車縫。

口袋的縫份部分用熨斗來燙貼。撕開布用雙面膠的隔離紙，疊在要裝口袋的位置上，用熨斗燙貼就會黏著上去。

84

第4章
服裝各部位的縫製技巧

你是否已經掌握了縫紉機的基本技巧？
裁縫是一門將不同部位的布料拼接在一起的藝術，
需要細心和耐心。這一章，
我們將介紹一些代表性的樣式和技法，
只要理解並好好應用這些技巧，
便能進一步提升縫紉技藝！

接合內外兩片布料

在製作包包或是束口袋時，經常需要接合「內裡」和「外布」這兩片袋布。以下我們來學習如何將這兩片袋布疊起來車縫，翻回正面後能呈現完美袋角的祕訣。

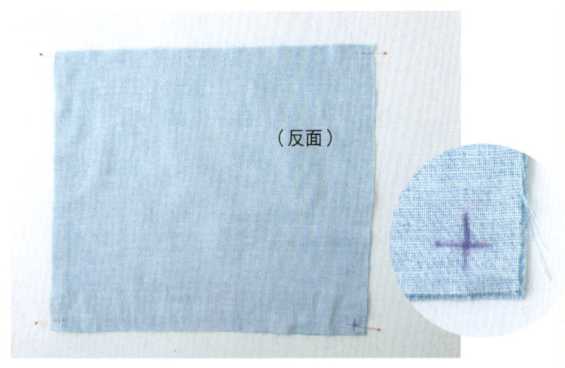

1 兩片袋布正面對正面相疊，用珠針固定。直角的部分，用記號筆畫上記號。

2 依序從布的側面→袋底→側面連續車縫（請參考P.26的「直角的車縫法」）。

3 把縫份往內壓摺，並用熨斗燙平。

4 從袋子入口處把手放進去，從上面用食指和大拇指捏著摺好的直角縫份。

5 用手指壓著直角，直接翻回正面。

6 手指壓著直角縫份後翻回正面的狀態，如此即可翻出漂亮的直角。

袋角的縫份處理

想要製作有「袋底」的包款,一定要學會處理袋角的縫份,以下示範最簡單的處理方法。在袋底的兩端,把側邊和底部的縫線疊在一起後車縫,就可以做出袋底。

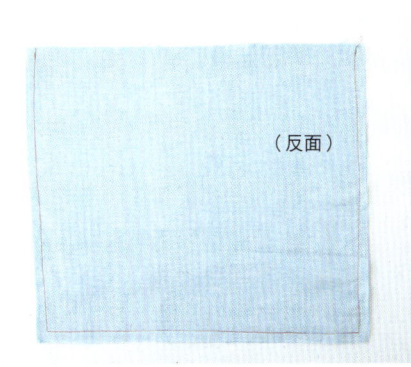

1. 請參考左頁的步驟1～步驟2,將兩片袋布接合起來。

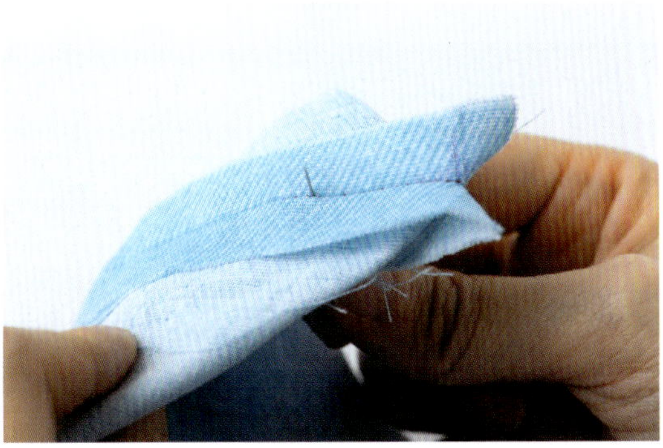

2. 車縫好的三邊縫份燙開,把側邊縫線和底部縫線對齊,用珠針固定袋底。

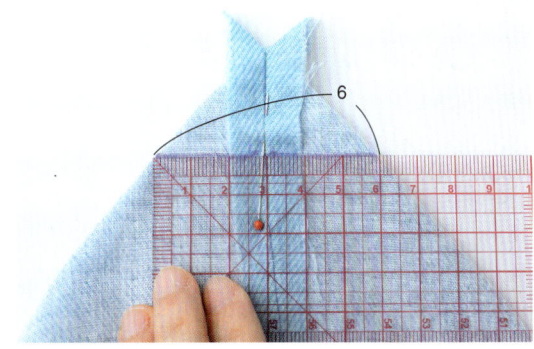

3. 使用方格尺畫上和車縫線垂直的完成線。在這裡要畫一道寬6cm的車縫線。

4. 車縫步驟3畫的完成線,留下縫份1cm,把多餘的部分修剪掉。

5. 翻回正面的狀態。

第4章 服裝各部位的縫製技巧

接合內外兩片布料

袋角的縫份處理

87

尖褶

為了讓平面的布變得立體,在腰圍或胸部抓V字形進行車縫,藉此打造出立體感。長度或角度依照設計會有所不同,車縫時也要注意尖褶倒的方向。

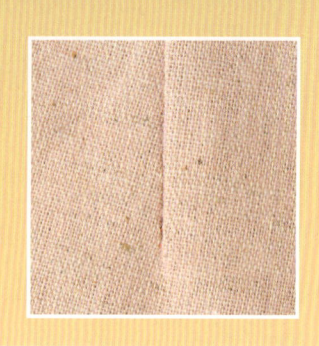

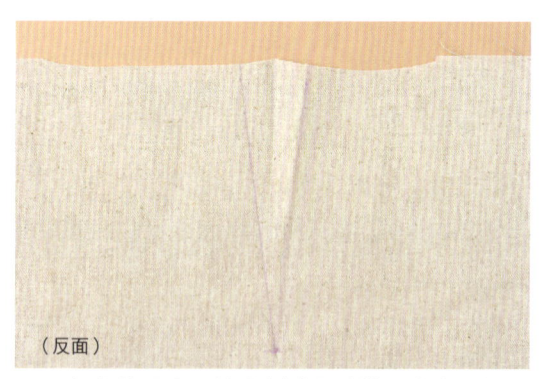

1 在布的反面用複寫紙或記號筆,畫上尖褶的記號線。
(反面)

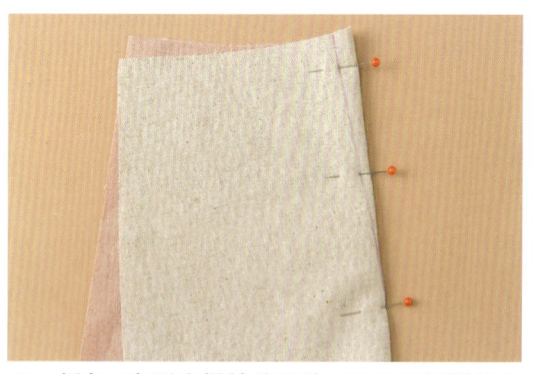

2 抓起V字形尖褶線的兩端,以正面相對的方式用珠針固定。

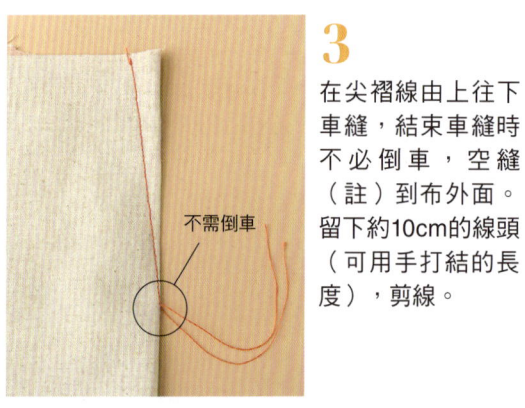

3 在尖褶線由上往下車縫,結束車縫時不必倒車,空縫(註)到布外面。留下約10cm的線頭(可用手打結的長度),剪線。

不需倒車

註:空縫是指在沒有布的位置車縫。

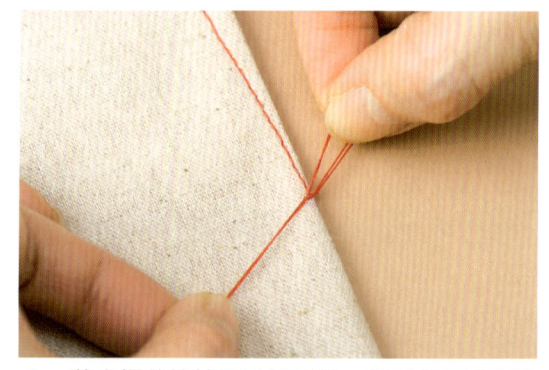

4 將尖褶的縫線用手打平結,打結時線不要拉太緊。

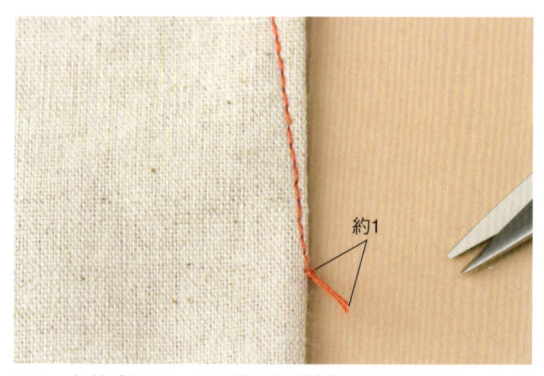

5 大約留下1cm的線頭再剪斷。
約1

6 把尖褶往指定的方向倒(見紙型的尖褶方向),從反面用熨斗燙平。

【在腰圍加入尖褶的例子】

在腰圍加入尖褶，能讓腰部看起來更纖細。

【在胸部加入尖褶的例子】

從胸圍的脇邊那一側往BP點（Bust Point，指女性胸部最高點）的方向加入尖褶，胸部會看起來比較豐滿。

KURAI・MUKI Point

車縫尖褶，要慢慢地靠向布邊的邊緣來結束車縫

○ 車縫到止縫點的尖端為止，要慢慢地往布邊的邊緣靠近。如此一來，翻回正面時才會美觀。

車縫好的狀態。 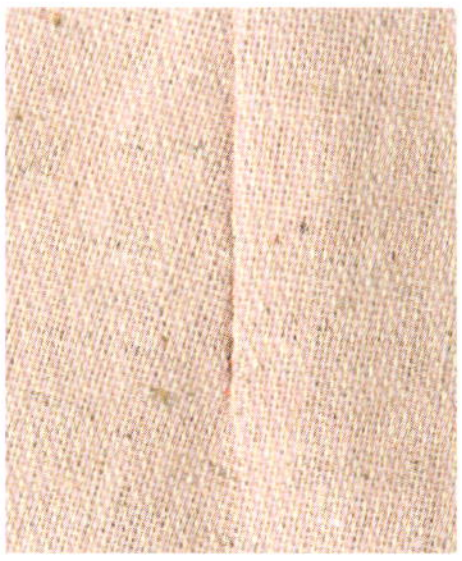　　翻回正面的狀態。

✗ 如果沒有確實車縫到止縫點的尖端，翻回正面的時候，尖褶會形成凹陷。

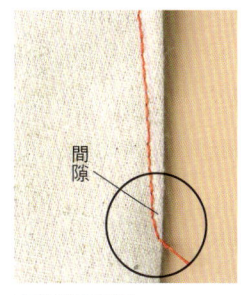

間隙

車縫好的狀態。 　　翻回正面的狀態。

第4章　服裝各部位的縫製技巧

尖褶

89

打褶

將布料折起來車縫的技巧，常出現在褲子、裙子的腰部設計，分為向單一方向折疊的「單向活褶」，以及左右兩邊往中央折疊的「雙向活褶」。

● 向單一方向折疊的單向活褶

折疊方法

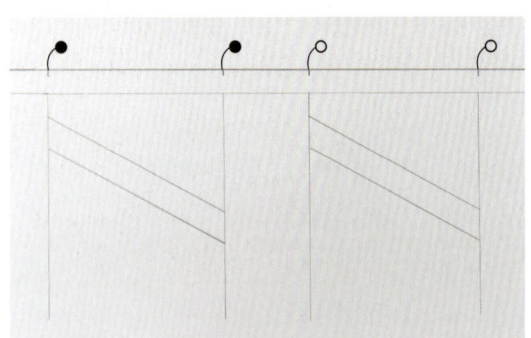

1 抓起左邊記號的布料，對齊右邊的記號，從斜線高處往低處的方向把布折疊起來。

老師，我有疑問！
褲子的「褶襉（tuck）」和百褶裙的「褶皺（pleats）」有何不同呢？

A　「褶皺」的折痕會一直延伸到服飾下端。
相對於「褶襉（tuck）」的折痕會在中途消失（例如褲頭的打褶），「褶皺（pleats）」的折痕線會一直延伸到最下方（例如百褶裙）。

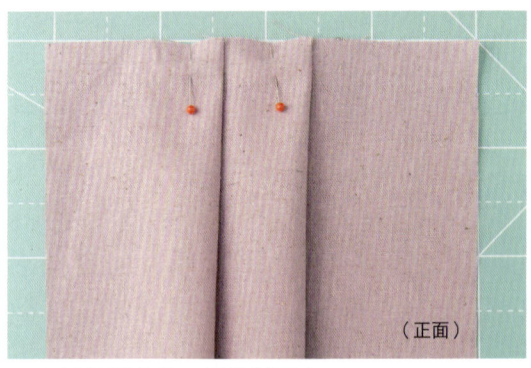

2 折疊好之後，用珠針固定。
（正面）

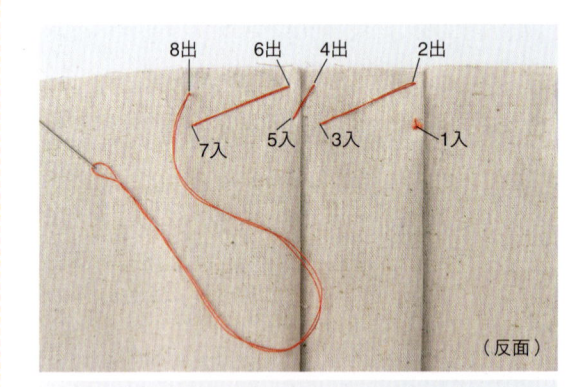

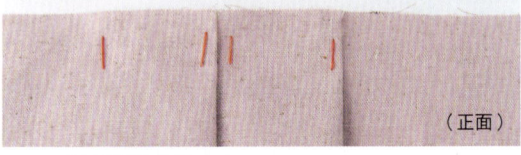

8出　6出　4出　2出
7入　5入　3入　1入
（反面）

（正面）

3 〈疏縫暫時固定〉
避免褶襉移動錯位，從布的反面在上方以疏縫斜向固定住。在這個狀態下接縫褲子的腰頭或是衣身片，布料的邊緣會更加平整。

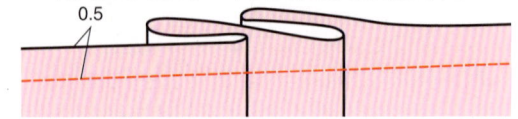

0.5

〈用縫紉機車縫固定〉
避免褶襉移動錯位，從距離上方邊緣向內0.5cm的位置，用縫紉機車縫。

●左右兩邊往中央倒的雙向活褶

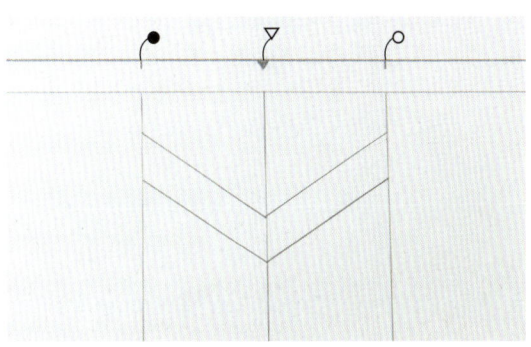

第4章 服裝各部位的縫製技巧

打褶

（正面）

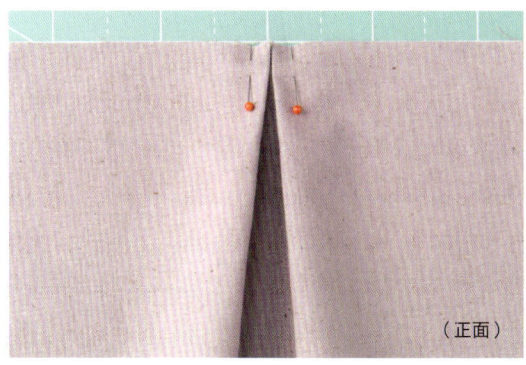

2 折疊好之後，用珠針固定。

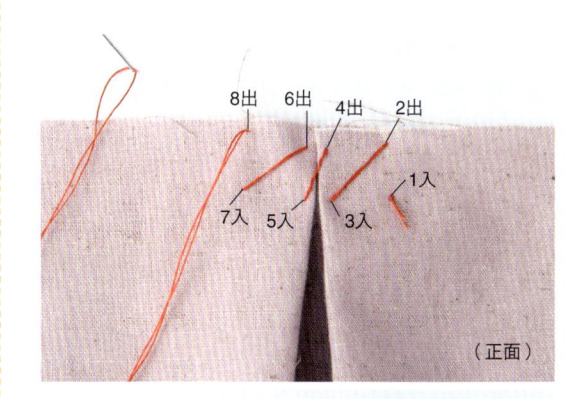

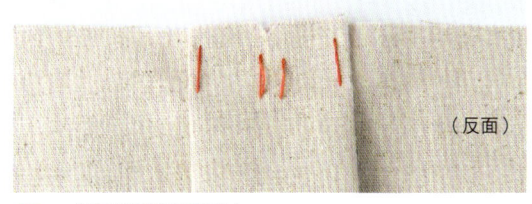

折疊方法

8出 6出 4出 2出
7入 5入 3入 1入

（正面）

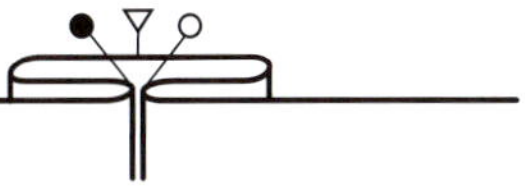

1 抓起左右兩邊的布料，兩邊皆對齊中間的三角形記號，從斜線高處往低處的方向把布折疊起來。

（反面）

3 〈疏縫暫時固定〉
避免褶襉移動錯位，從布的正面在上方以疏縫斜向固定住。在這個狀態下接縫褲子的腰頭或是衣身片，布料的邊緣會更加平整。

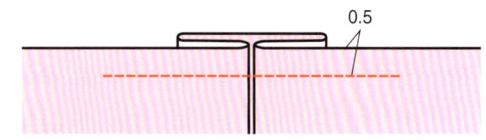

KURAI・MUKI Point

如果布料較厚，請使用裁縫固定夾

重疊的厚布料用珠針不容易固定，或是使用合成皮革的情況下，只要改用裁縫固定夾（請參考p.43），就能輕鬆固定住。

0.5

〈用縫紉機車縫固定〉
避免褶襉移動錯位，從距離上方邊緣向內0.5cm的位置，用縫紉機車縫。

抽細褶

把布面縮在一起車縫「抓皺」，在布料上創造多條平行或間隔均勻的細褶。皺褶的程度會依使用的布料或設計而有所不同。車縫前先把要縮縫的皺褶聚攏起來，抽皺成和要接合在一起的布相同寬度後再縫合。

1
縫份設定為1cm。在距離布邊0.8cm和1.5cm的位置，用縫紉機車縫和完成線平行的大針距縫線（針距0.4cm）。車縫到比抽細褶的止點再多出1cm的長度。

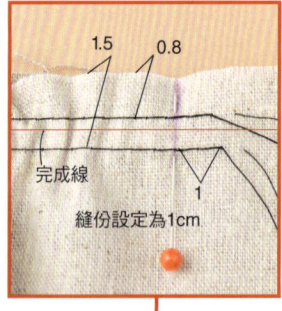

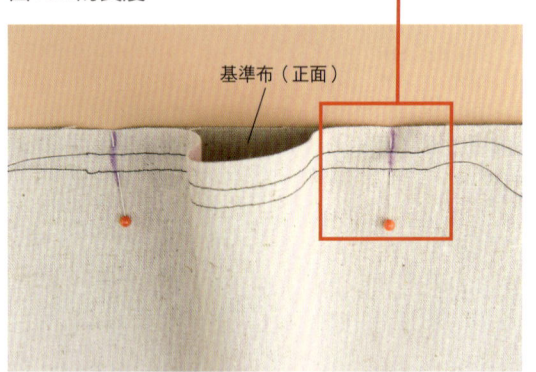

圖中標示：1.5　0.8　完成線　縫份設定為1cm

基準布（正面）

2
把兩塊布對齊合印記號，用珠針固定。

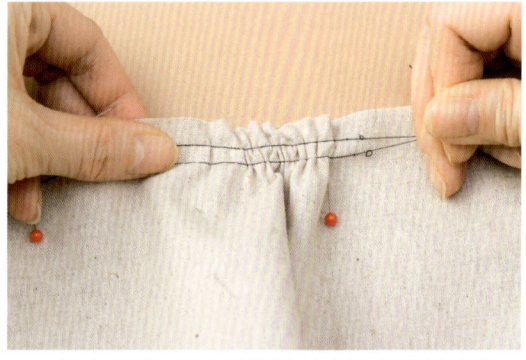

3
把在步驟1用大針距縫線車縫的兩條線頭一起往兩旁拉，配合基準布的尺寸，將布料聚攏起來以產生細褶。

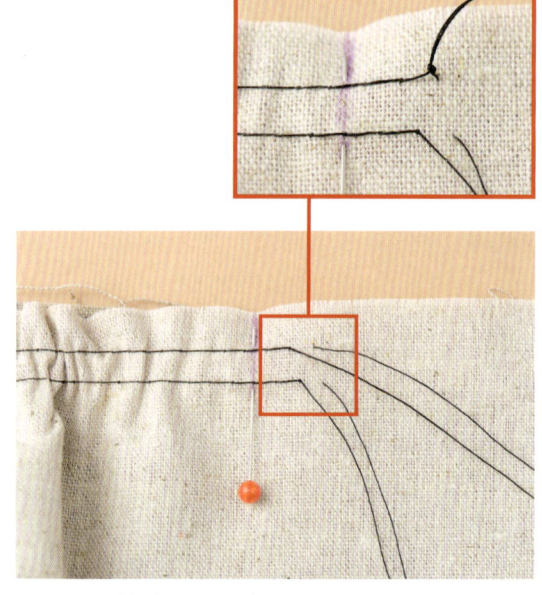

4
布料抽皺到與基準布相同的寬度後，把線頭從反面拉出，上下兩根線一起打結，讓抽褶固定住。

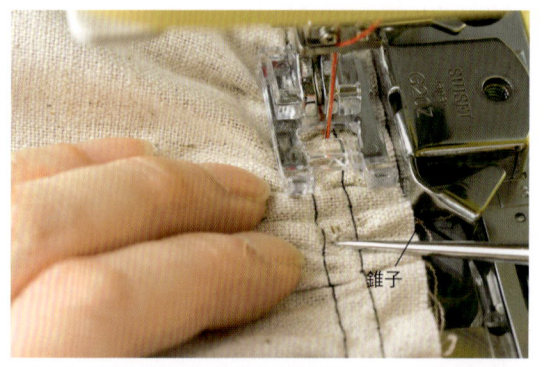

5
在抽細褶的布上用縫紉機車縫。順利車縫的訣竅是在抽褶處一邊用錐子（請參考P.41）壓著，一邊慢慢地車縫。車縫線和抽褶的褶子要呈垂直狀。

錐子

第4章 服裝各部位的縫製技巧

抽細褶

6 從正面仍看得到步驟1用大針距車縫的縫線，要從反面用錐子拉出來拔掉。正面的線跡也要仔細清除。

（正面）

KURAI・MUKI Point
抽褶的分量愈多，看起來愈蓬

依抽褶的分量不同，衣服的狀態也會變得不一樣。如果要抽出漂亮的細褶，建議使用原布量1.3倍以上的布量。依布料材質的不同，蓬度會有所差異，如果想要做出明顯的蓬度，請增加抽褶的分量。

1.3倍

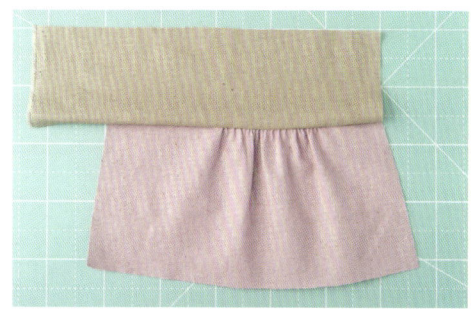

1.5倍

1.7倍

老師，我有疑問！ 要做抽細褶的縫線，為什麼要用大針距車縫呢？

A 這樣線才會容易拉。
這條線的作用是把布聚攏抽出細褶，如果用太小的針距，車縫好的線頭很可能會被拉斷，無法抽出漂亮的細褶。

93

圓角型口袋

以下介紹可以直接從正面車縫的圓角型口袋,對於初學者來說,車縫下方的圓弧部分可能難度比較高,訣竅是要慢慢地小心車縫,平時多練習車縫曲線,即可車出漂亮的圓角。

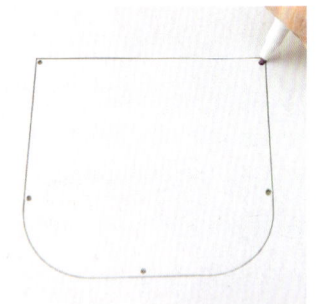

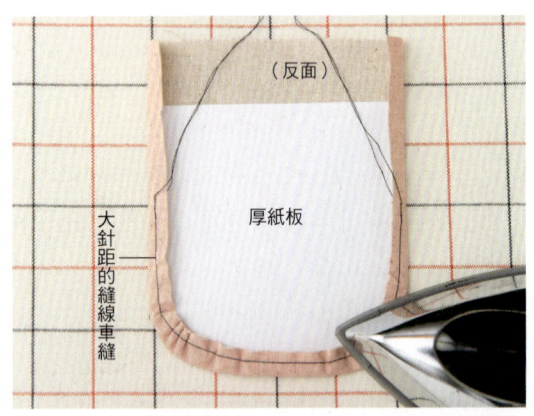

1 在紙型的口袋內側,用錐子打幾個洞,然後將紙型放在衣身片等布料上,用記號筆標記要安裝口袋的位置。

2 在口袋圓弧處的縫份上,以大針距的縫線車縫。放上用厚紙板做的無縫份紙型,拉緊車縫的上線,讓弧度與紙型吻合後,用熨斗燙平縫份。

3 在口袋開口先用熨斗做三摺邊處理(請參考P.83)之後車縫,把口袋用珠針固定在要安裝的位置上。

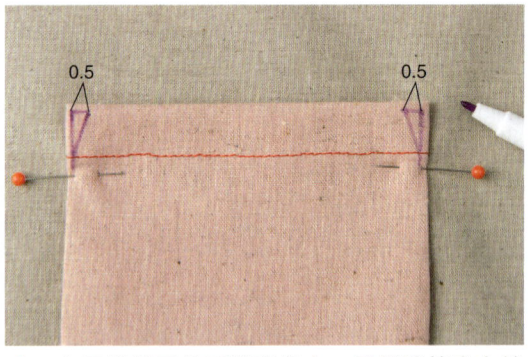

4 在口袋開口的兩端直角上,用記號筆畫上始縫和止縫的三角形記號。

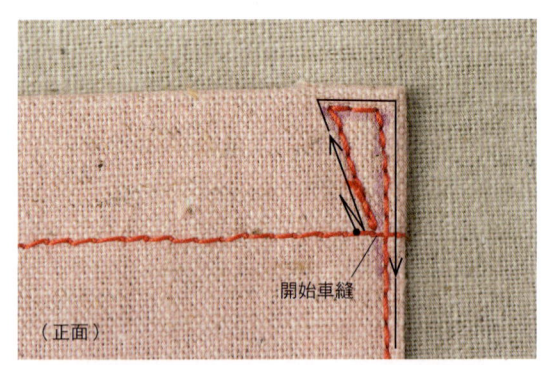

5 按照箭頭方向起針車縫,開始車縫與結束車縫時都要倒車處理。轉角車縫成三角形,口袋會比較牢固。

KURAI・MUKI Point

彎角的弧度,使用布用口紅膠就不會移位

如果擔心珠針會移位的話,使用布用口紅膠來固定,就能輕鬆車縫了。

(請參考p.84)

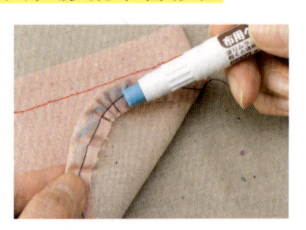

四角型口袋

車縫方式大致上與圓角型口袋相同，這裡介紹另一個方便製作口袋的工具「布用雙面膠」。使用前一頁的布用口紅膠也可以。

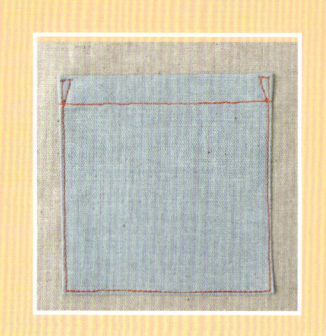

1 在口袋開口先用熨斗做三摺邊處理（請參考P.83）之後車縫，把其他三邊的縫份摺起來。

2 用熨斗把布用雙面膠（請參考P.84）燙貼在縫份上。

3 撕開雙面膠帶的隔離紙。

4 請參考前一頁的步驟1，先在衣身片上用記號筆標記口袋要安裝的位置，再用熨斗把口袋燙貼在要安裝口袋的位置上。

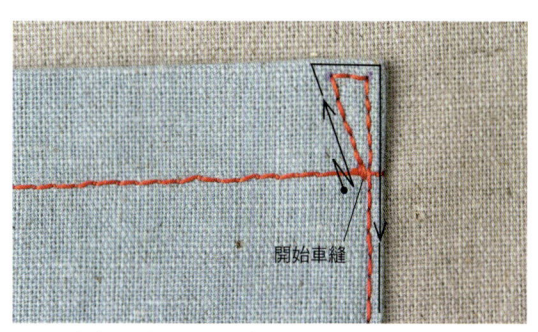

5 請參考上一頁的步驟4，在口袋開口的兩端直角上，用記號筆畫上始縫和止縫的三角形記號，按照箭頭方向起針車縫，開始車縫與結束車縫時都要倒車處理。

KURAI・MUKI Point
車縫直角時，在針降到下面時轉動布料

為了車縫出漂亮的直角，車縫到轉角時，要在針降到布料下方的狀態時暫停車縫，把壓布腳往上抬後，轉動布面以改變車縫方向（請參考P.26）。

第4章 服裝各部位的縫製技巧 — 圓角型口袋 — 四角型口袋

脇邊口袋

安裝在衣服側邊或褲子／裙子脇邊的口袋，稱為剪接式口袋或斜口袋。因為是利用脇邊的縫線把口袋縫合在內側，所以從正面看起來不太明顯。※以下用裙子的脇邊口袋來解說製作步驟。

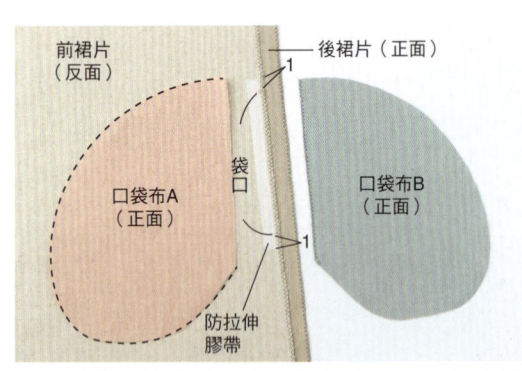

1 前後裙片的脇邊和口袋布B的入口，用鋸齒縫來鎖邊。在前裙片的袋口縫份上，貼上防拉伸膠帶（請參考P.77）。

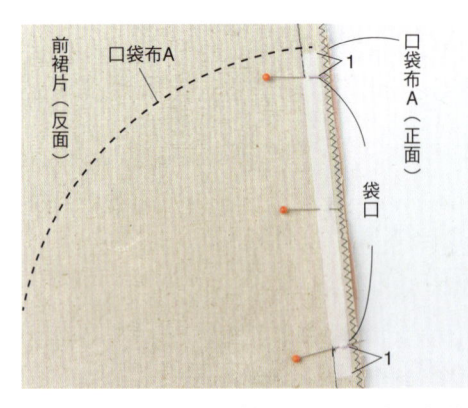

2 前後裙片的正面對正面相疊，袋口留著不要車縫，其餘三邊都要車縫。把三邊的縫份燙開，在前裙片的袋口縫份下方的位置，把口袋布A的正面與前裙片的正面相對，用珠針固定好。

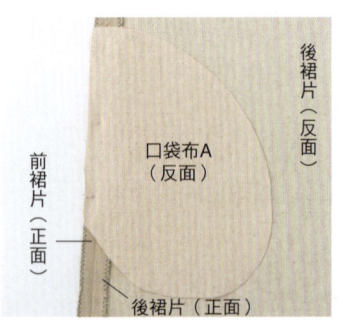

3 把步驟2翻到背面的狀態。把口袋布A用珠針固定在前裙片的縫份上。

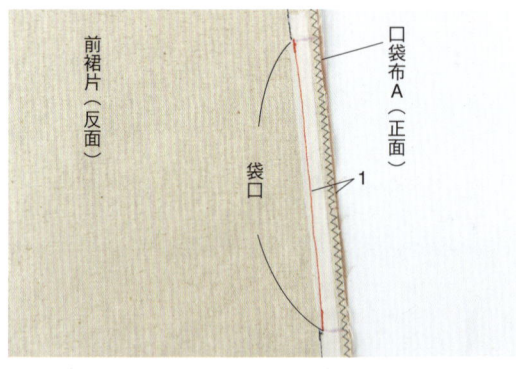

4 車縫前裙片和口袋布A的袋口。

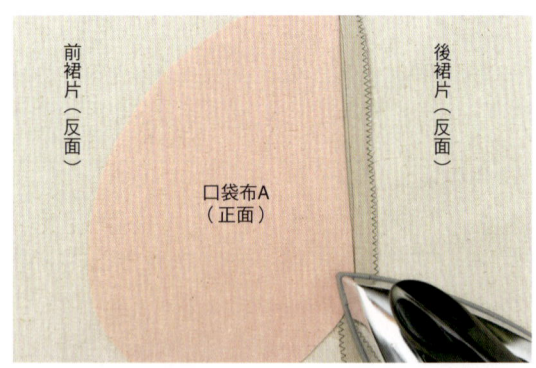

5 把口袋布A倒向前裙片那一側，把步驟4的縫線用熨斗燙平。

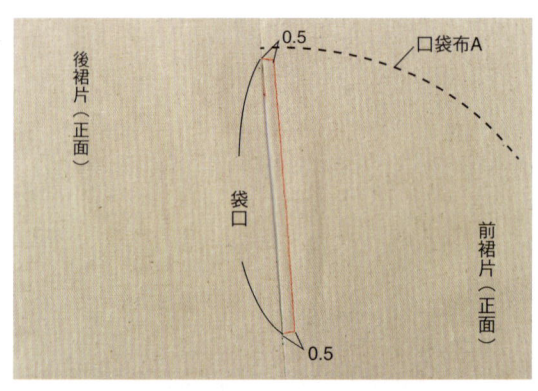

6 在前裙片的袋口車縫，當作裝飾線。

第4章 服裝各部位的縫製技巧

脇邊口袋

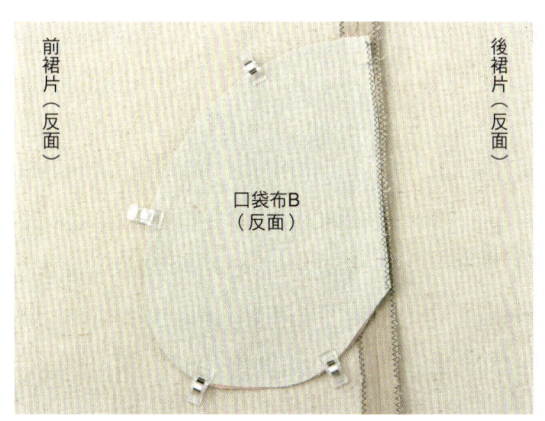

7 把口袋布B疊在口袋布A上面，周圍用裁縫固定夾（請參考P.43）固定住。

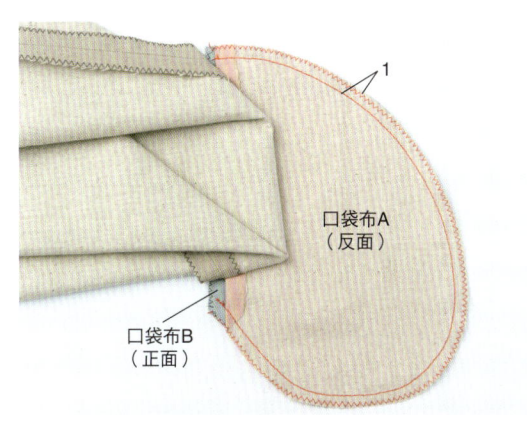

8 車縫口袋布A和口袋布B的周圍，兩片布一起用鋸齒縫來鎖邊。

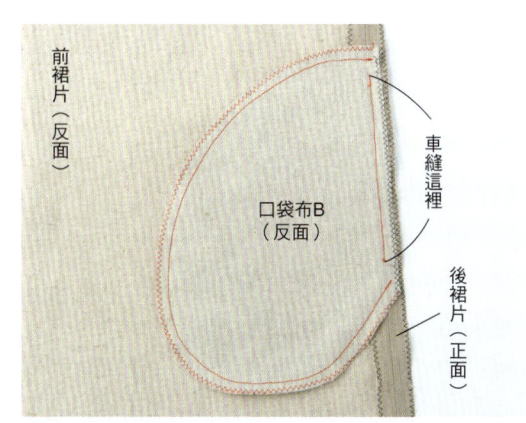

9 把口袋布B縫合在後裙片的縫份上。

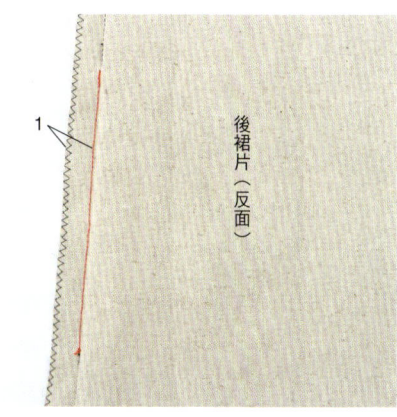

10 把步驟9翻到背面的狀態。

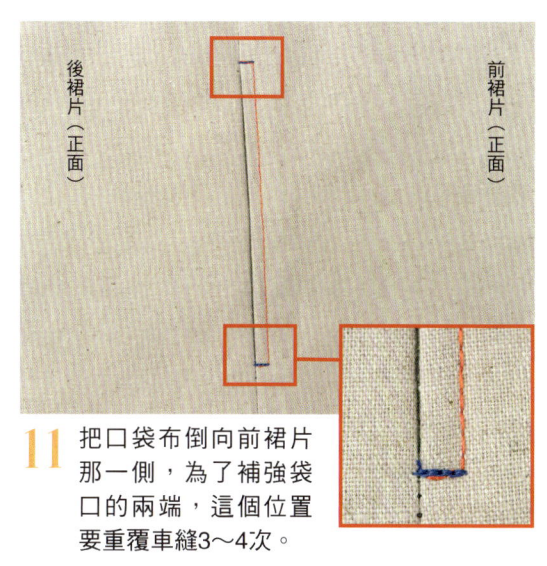

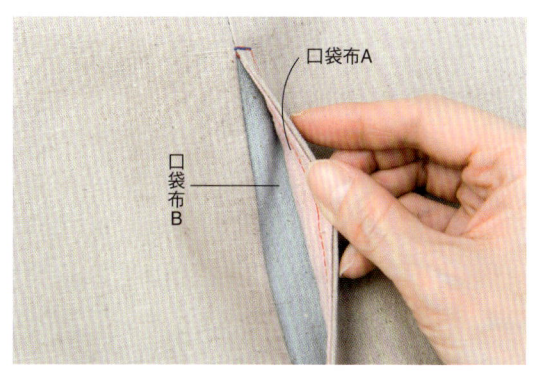

11 把口袋布倒向前裙片那一側，為了補強袋口的兩端，這個位置要重覆車縫3～4次。

12 翻開袋口的狀態。手放進去的時候，手背會在口袋布A，手掌則是在口袋布B。

97

襯衫領

襯衫領是最基礎的領子。只在外領面那一側貼布襯,既能做出漂亮的形狀,也不會顯得太過僵硬。後領圍的部分,要用滾邊條做包邊處理。

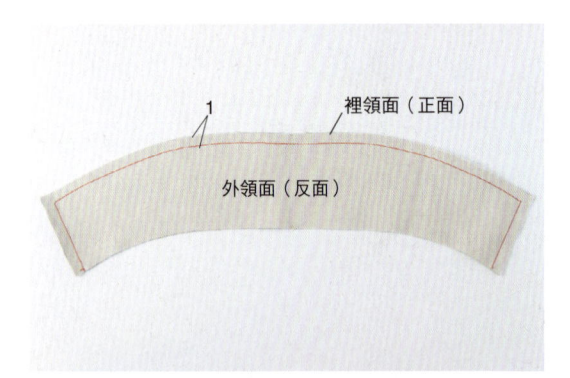

1 把外領面和裡領面的正面對正面相疊,車縫領子的三邊。

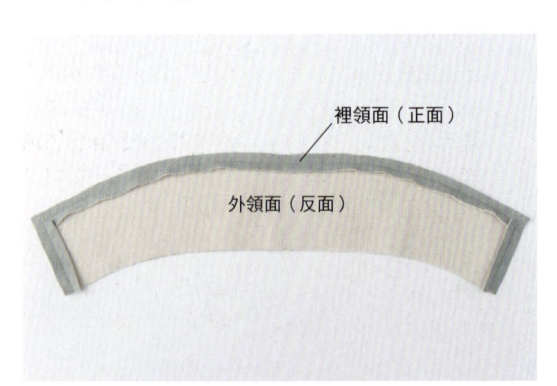

2 用熨斗將車縫好的縫份燙開。

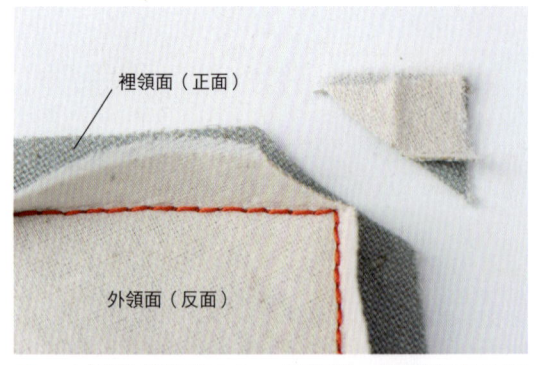

3 在距離縫線約0.2cm的位置,修剪領尖的縫份如上圖。藉由減少縫份的厚度,將領子翻回正面的時候,領尖會顯得平整漂亮。

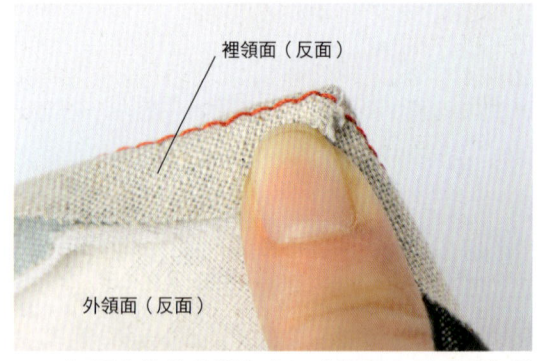

4 把領尖的縫份摺起來,食指插入外領面和裡領面之間,在抓住領尖的狀態下翻到正面。翻到正面後,用錐子調整出漂亮的領尖。(請參考P.112的步驟6)。

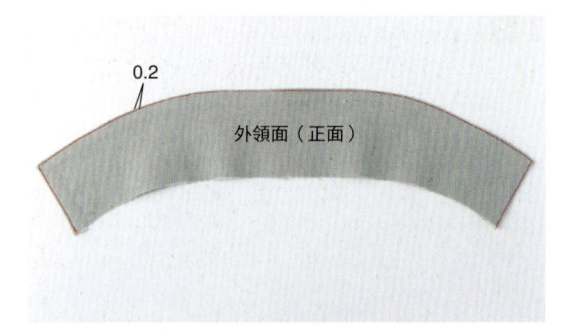

5 用熨斗整燙後,車縫領子的三邊。

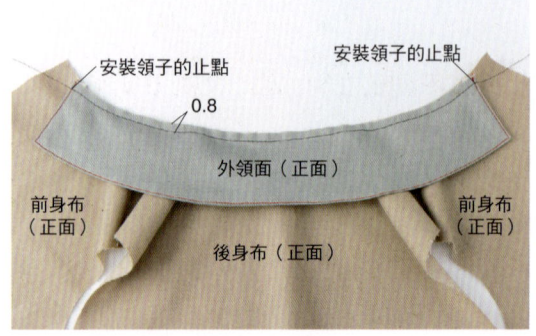

6 把領子疊在衣身片的領圍上,先用縫紉機進行疏縫(大針距的縫線車縫)。

98

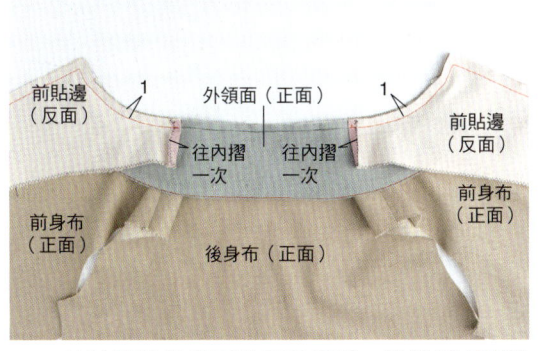

7 前貼邊與外領面的正面相對，從前領圍開始車縫到襯衫的門襟。

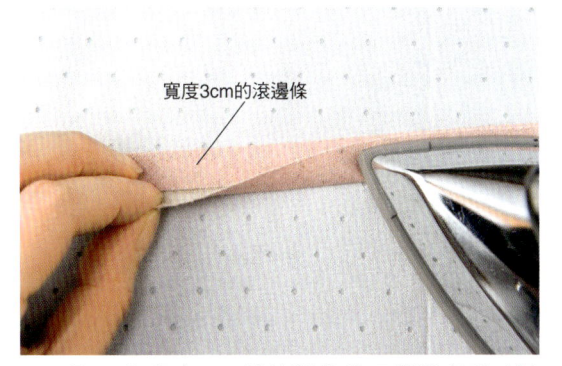

8 取一條寬度3cm的滾邊條做三摺邊處理（請參考P.83）。

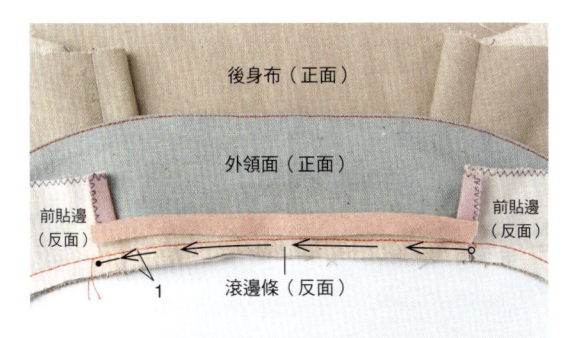

9 把滾邊條疊在後領圍上，接縫在後領處。

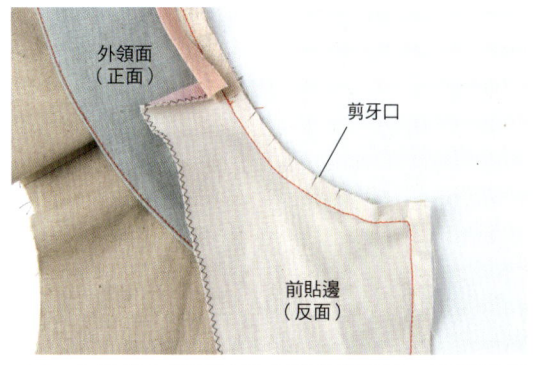

10 在縫份有弧度的地方剪幾個牙口，用熨斗燙開縫份。

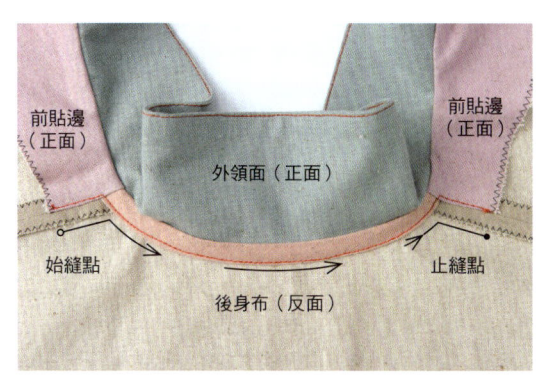

11 把前貼邊翻到正面。用滾邊條把後領圍的縫份包起來，從前貼邊的邊緣開始按箭頭的方向車縫。

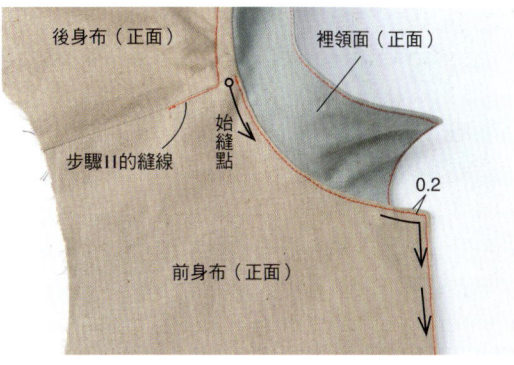

12 前身布朝上，從前領圍開始往前貼邊的邊端車縫，當作裝飾線。

第4章 服裝各部位的縫製技巧

襯衫領

領台式襯衫領

在領子和領圍之間有一個稱為「領台」的結構（襯衫第一顆鈕扣的地方）。領台可提供額外的支撐，讓領子保持硬挺，適合正式或商務場合。

1 請參考 P.98「襯衫領」的步驟 1～5，完成上領面的製作。

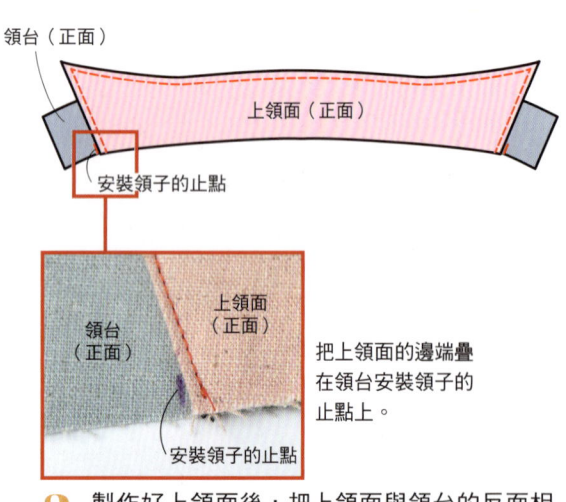

2 製作好上領面後，把上領面與領台的反面相對，兩端皆需對齊安裝領子的止點。

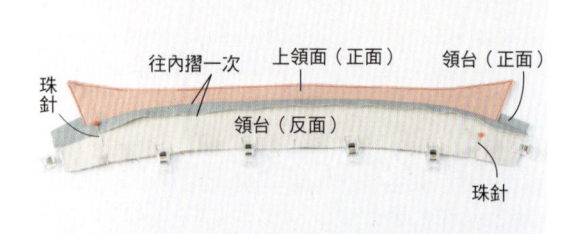

把上領面的邊端疊在領台安裝領子的止點上。

3 把另一片的領台、要縫合在衣身片上的那一側縫份往內摺。使用裁縫固定夾，將兩片領台夾住上領面。為了避免上領面的邊端移動錯位，用珠針固定住。

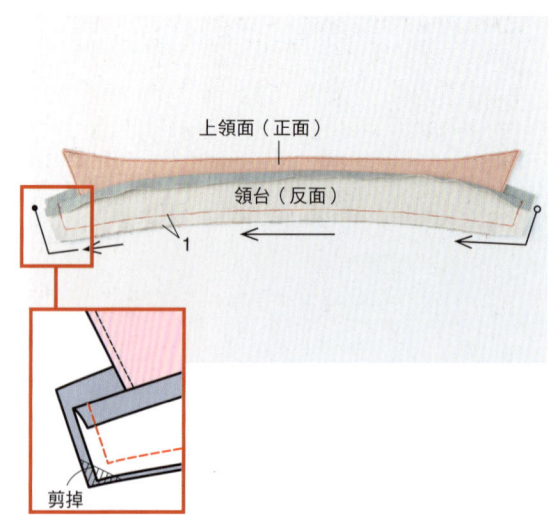

4 把領台和上領面按照箭頭方向車縫。修剪角落的縫份。

100

第 4 章 服裝各部位的縫製技巧

領台式襯衫領

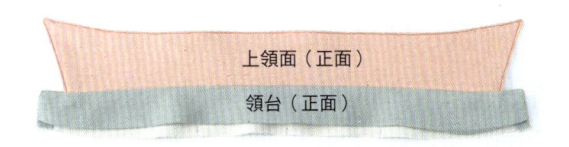

5 把領台翻到正面,用熨斗整燙。

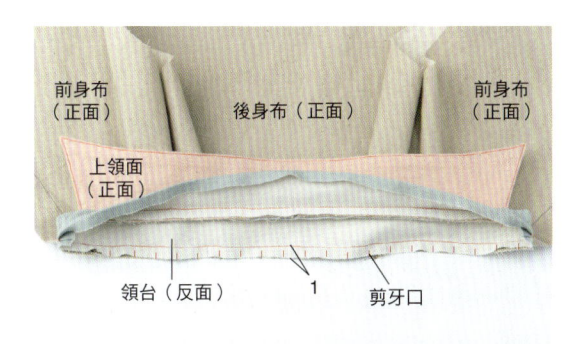

6 把沒有摺縫份的那一側領台,縫合在衣身片的領圍上。在縫份上剪幾道牙口。

7 有摺縫份的那一側領台,在縫份上塗布用口紅膠(請參考P.43)。

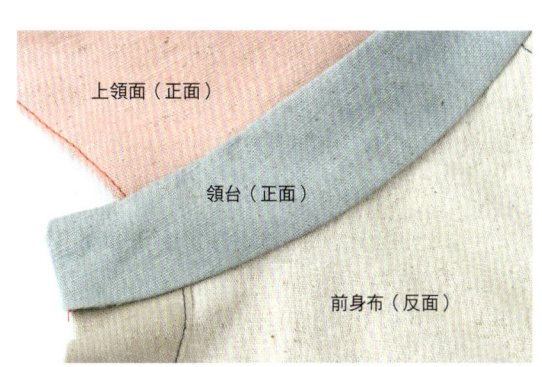

8 在領圍的縫線上,蓋上步驟7已經塗好布用口紅膠的縫份。

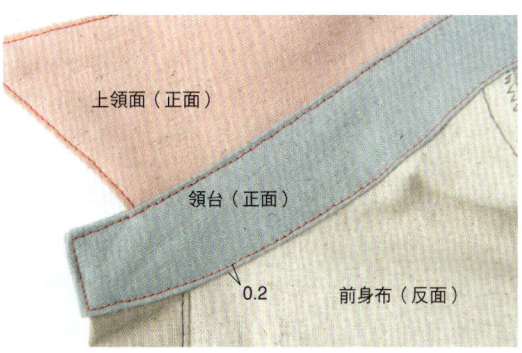

9 在距離邊緣約0.2cm的位置,車縫領台的周圍一整圈。

101

荷葉領

沿著領圍平鋪的領子，領圍的部分需使用滾邊條包邊收尾。常見於女性襯衫或連身裙等，用來增添女性服裝的浪漫和優雅。

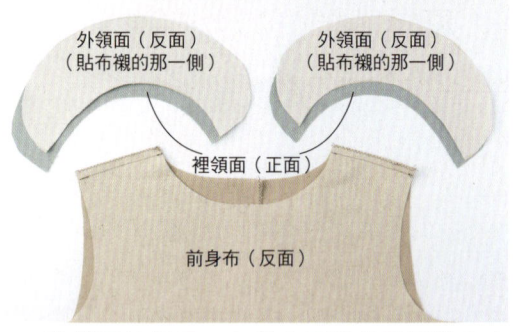

1 準備四片領子，在其中兩片的反面貼上布襯，當成外領面。

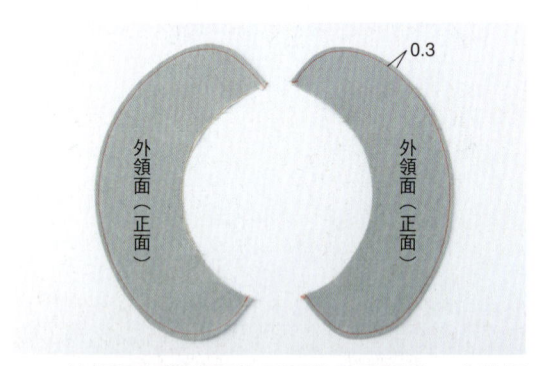

2 外領面和裡領面的正面對正面相疊，車縫領子的周圍。車縫好之後翻到正面，在距離邊緣約0.3cm的位置，車縫領面周圍一整圈，當作裝飾線。

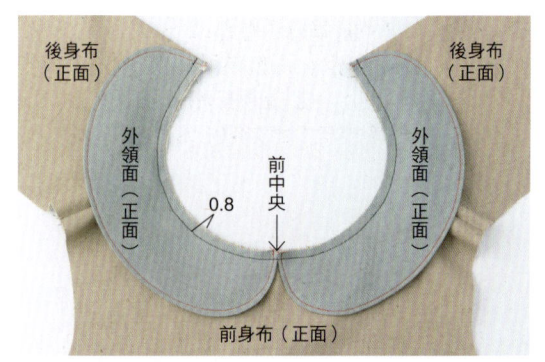

3 在左右領子之間的前中央，不可留有空隙，縫份稍微重疊，在領圍上先用疏縫車縫（大針距縫線的車縫），把領子縫合上去。

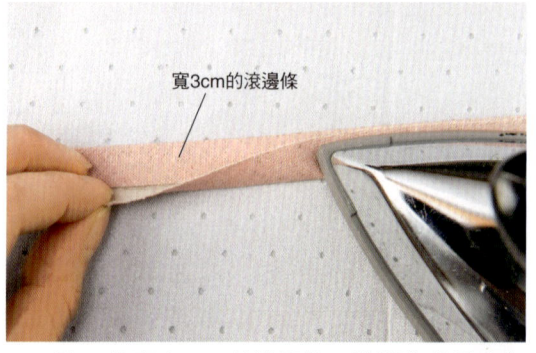

4 取一條寬度3cm的滾邊條，滾邊條的長度為領圍尺寸＋2cm，先用熨斗做三摺邊處理（請參考P.83）。

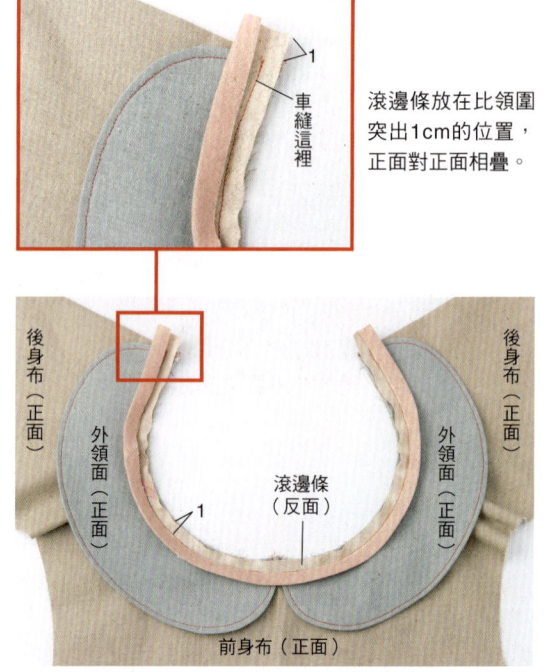

滾邊條放在比領圍突出1cm的位置，正面對正面相疊。

5 把滾邊條的摺痕處攤開，在領圍上車縫一圈接合起來。

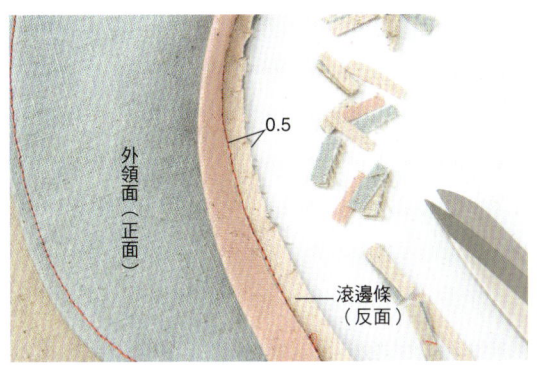

第4章 服裝各部位的縫製技巧

荷葉領

6 在領圍的縫份上剪幾道牙口之後,把縫份修剪成0.5cm。

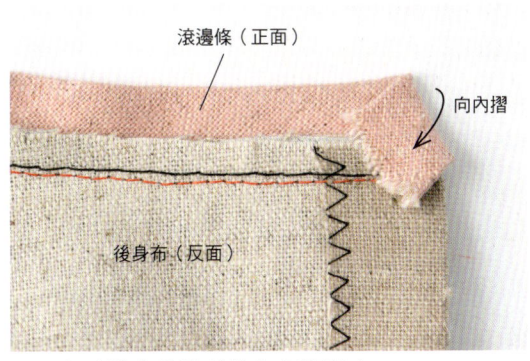

7 把滾邊條的邊端往內側摺進去。

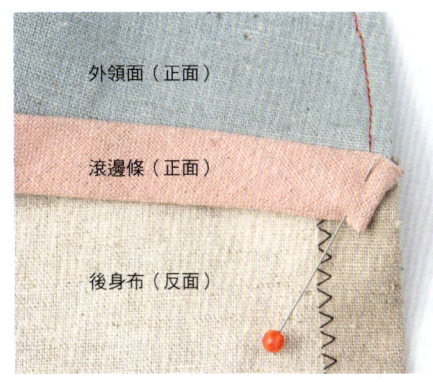

8 用滾邊條把領圍的縫份包起來,往衣身片的那一側方向倒,邊端用珠針固定住。

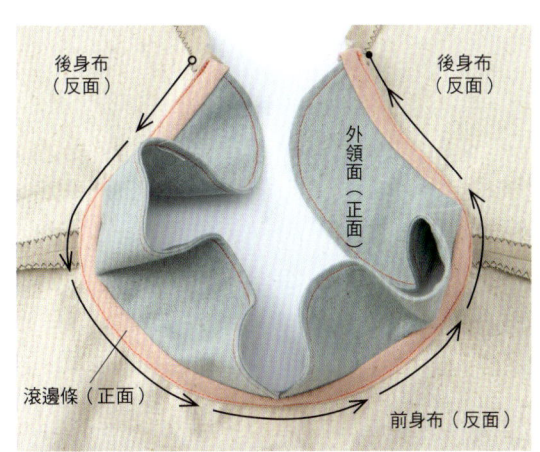

9 把滾邊條的邊端縫合在領圍上。為了避免不好車縫,先塗上一圈布用口紅膠(請參考P.43)做固定。如果車縫曲線還不夠熟練,也可以用手縫的方式來縫合滾邊條。

KURAI・MUKI Point
修剪縫份後,成品會更俐落輕盈

好幾片布的縫份重疊在一起時,因為布料會變厚,翻到正面時會感到卡卡的,邊緣也會變得不平整。翻面之前,請先修剪領圍或領尖的縫份,如此一來,領子的形狀會很漂亮整齊,壓裝飾線時候也比較輕鬆。

無領

不安裝領子的設計，需要在領圍的位置加裝貼邊。貼邊是一種布料或裝飾條，可以防止領圍在穿著或反覆清洗的過程中拉長或變形。在貼邊上方貼上布襯，可以進一步加強穩定性。※以下用後中央裝拉鍊的衣身片來解說製作步驟。

●圓領

開口為圓形的領圍。領圍用貼邊布來做收尾處理。

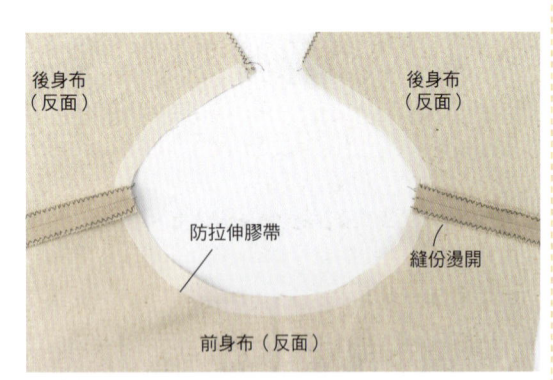

1 在前身布和後身布的領圍貼上防拉伸膠帶（請參考P.77），車縫肩線。車縫完成後將縫份燙開。

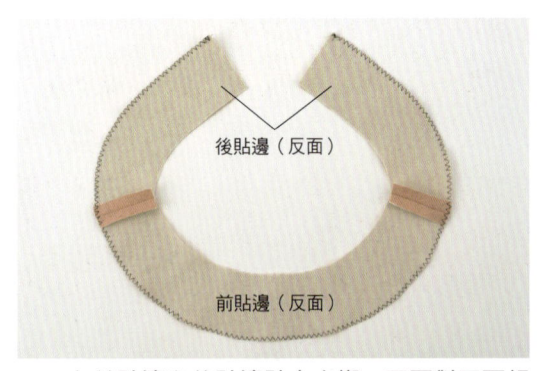

2 在前貼邊和後貼邊貼上布襯，正面對正面相疊，車縫肩線。把貼邊的肩線縫份燙開，在貼邊的外圍用鋸齒縫車縫一整圈。

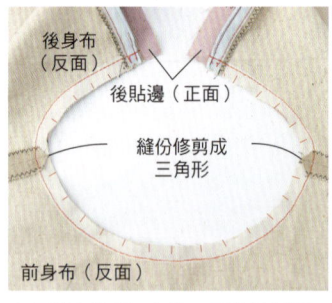

上圖是在步驟1之後，已安裝好隱形拉鍊（請參考P.120）的狀態。

3 把衣身片和貼邊的領圍正面對正面相疊，車縫領圍一整圈。在有弧度的縫份上剪幾道牙口，把肩線的縫份修剪成三角形。

4 用熨斗整燙領圍的縫份，從縫線往衣身片的那一側方向倒，用熨斗燙平。

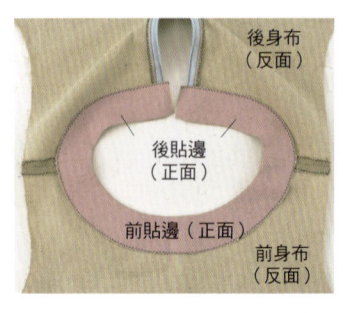

5 把貼邊翻到正面，用熨斗整燙一整圈，讓貼邊的布料不會從衣身片正面的領圍露出來。

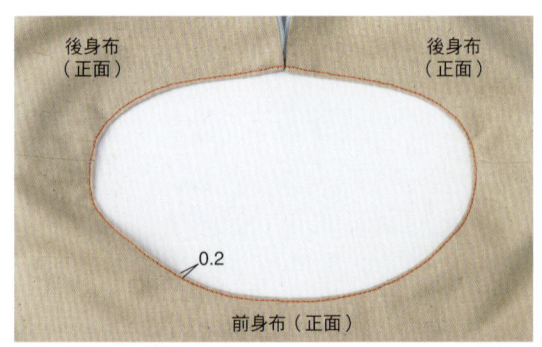

6 衣身片正面朝上，在距離邊緣0.2cm的位置車縫領圍一整圈，當作裝飾線。

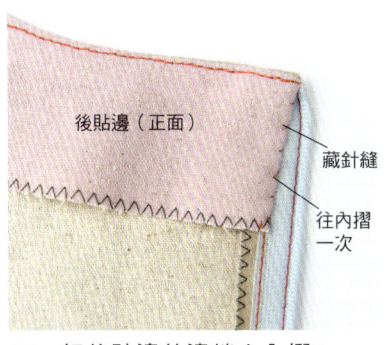

7 把後貼邊的邊端向內摺1cm，用藏針縫（手縫）收邊。

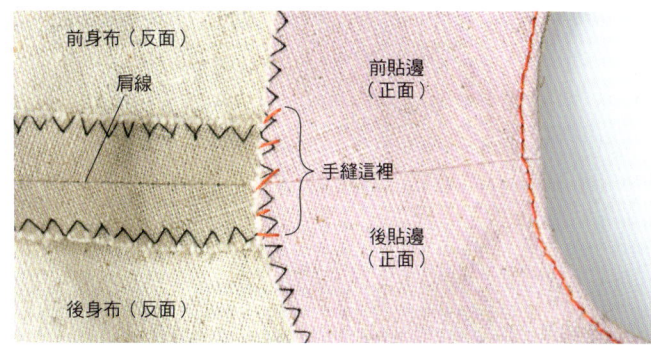

8 在衣身片的肩線縫份上，用斜針縫（手縫）固定好貼邊的邊緣與縫份。

第4章　服裝各部位的縫製技巧

無領

●方領

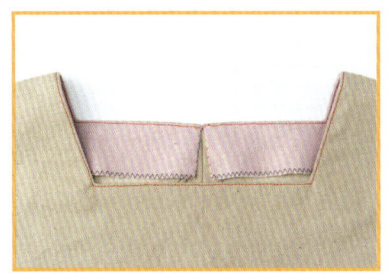

開口為四角形的領圍。
基本上與製作圓領領圍的步驟相同，但需要注意以下幾個重點。

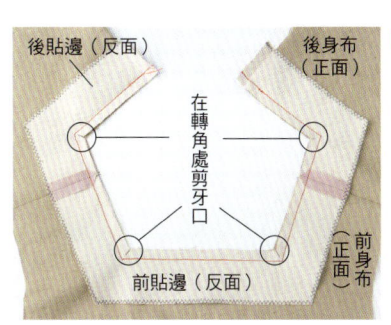

Point 1
在四個轉角處，剪一刀接近縫線的牙口。

Point 2
用熨斗整燙，將領圍的縫份燙開。

●V領

開口為V字形的領圍。
基本上與製作圓領領圍的步驟相同，但需要注意以下幾個重點。

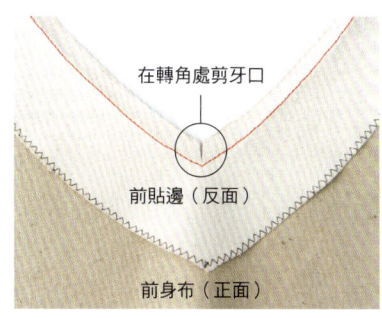

Point 1
在V字形尖端的轉角處，剪一刀接近縫線的牙口。

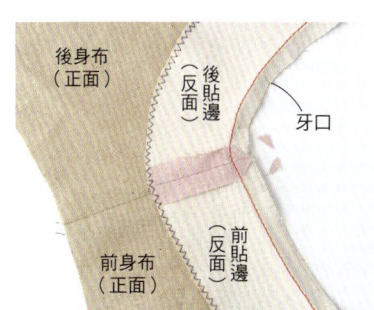

Point 2
在後領圍圓弧處的縫份上剪幾道牙口，把肩線的縫份修剪成三角形。

105

襯衫袖

襯衫袖是較為傳統並正式的袖子設計，袖子與肩部有明顯的縫合線，肩線位置明顯。先在衣身片接上袖子之後，再車縫袖下和衣身片的脇邊。

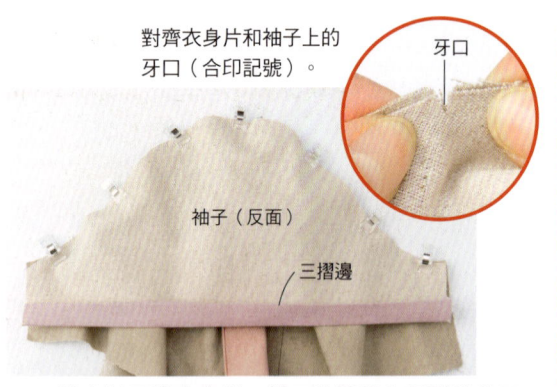

1 接合袖子與衣身片。袖口的縫份先用熨斗做三摺邊處理（請參考P.83），把袖子和衣身片的袖襱正面相對疊合，用裁縫固定夾固定住。

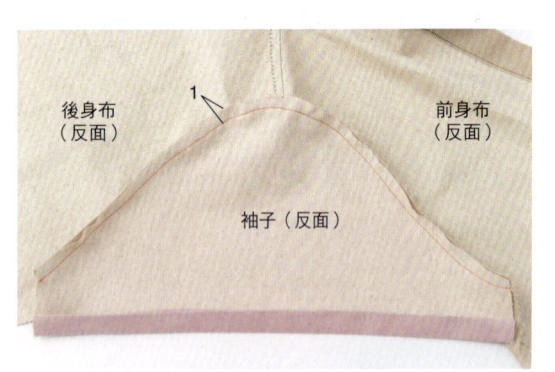

對齊衣身片和袖子上的牙口（合印記號）。
牙口
袖子（反面）
三摺邊

2 把袖子縫合在衣身片上。車縫後，將兩片布的縫份一起用鋸齒縫來車縫鎖邊。

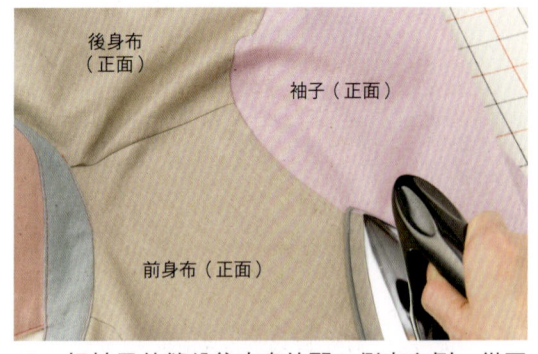

後身布（反面）
前身布（反面）
袖子（反面）

3 把袖子的縫份往衣身片那一側方向倒，從正面用熨斗燙平袖子的縫線。

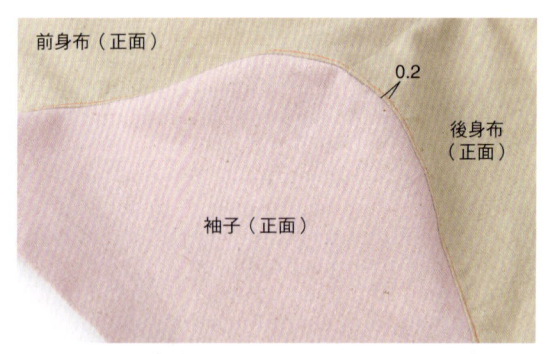

後身布（正面）
袖子（正面）
前身布（正面）

4 把倒向衣身片那一側縫份，在距離邊緣約0.2cm的位置從正面車縫壓線。

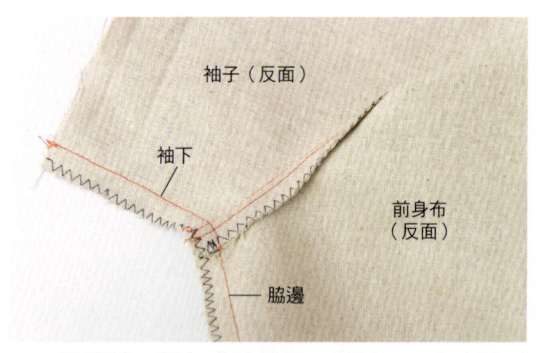

前身布（正面）
0.2
後身布（正面）
袖子（正面）

5 攤開袖口摺起來的縫份，從袖下一直車縫到衣身片的脇邊。兩片布的縫份一起用鋸齒縫來車縫鎖邊。

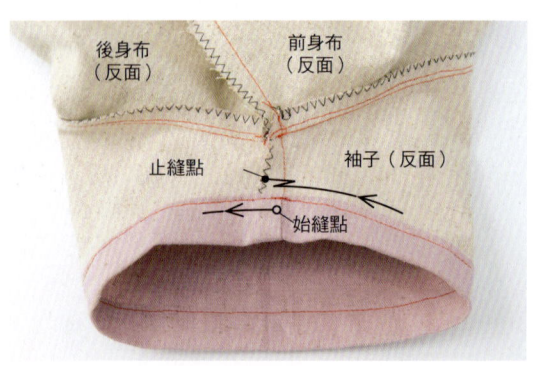

袖子（反面）
袖下
前身布（反面）
脇邊

6 袖下的縫份要往後側倒。把袖口的縫份往內摺，從袖下開始車縫袖口一整圈（請參考P.27「圓筒狀的車縫法」）。

後身布（反面）
前身布（反面）
止縫點
袖子（反面）
始縫點

106

接合袖

外觀看起來與襯衫袖幾乎相同,但縫製方法難度較高。接合袖是先將袖子車縫成筒狀,再將肩線和衣身片的脇邊接合在一起。為了讓袖子看起來更為立體,袖山需要縮縫(註)處理。

註:為了創造出立體感,把布稍微聚集起來車縫,但還不到抽細褶的程度。

第 4 章　服裝各部位的縫製技巧

襯衫袖　接合袖

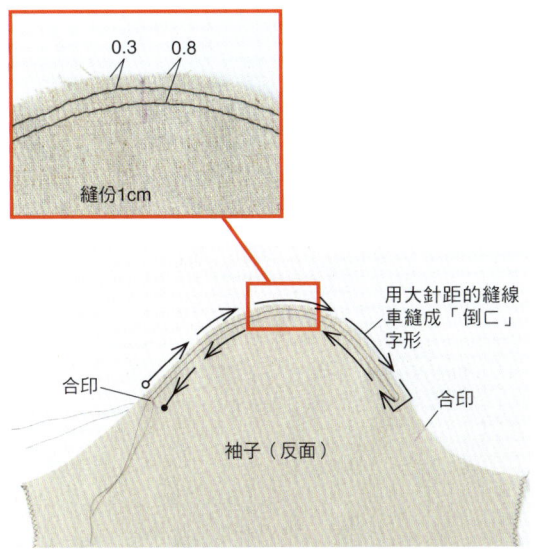

1 袖下的縫份以鋸齒縫鎖邊,在袖山兩端的合印記號之間,用大針距的縫線依上圖的箭頭順序車縫。

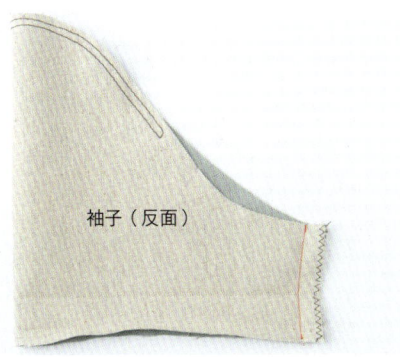

(圖示標註:0.3、0.8、縫份1cm、用大針距的縫線車縫成「倒ㄈ」字形、合印、袖子(反面))

2 袖口的縫份先用熨斗做三摺邊處理(請參考P.83)。把袖口的縫份攤開,車縫袖下。

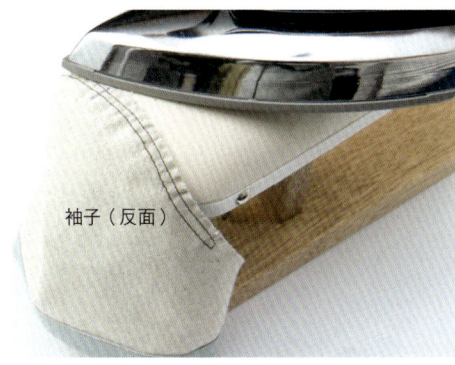

3 稍微往左右拉一下袖山處的大針距縫線,但還不到抽細褶的程度,把袖山放在燙衣板上熨燙,一邊按壓熨斗、一邊做出袖山的立體弧度(此動作稱為「縮燙」)。如果手邊沒有燙衣板,可把浴巾捲成硬硬圓圓的形狀來取代。

桌上型燙衣板
又稱為燙袖板,用於整燙袖山或褲管等狹窄部分的便利工具。

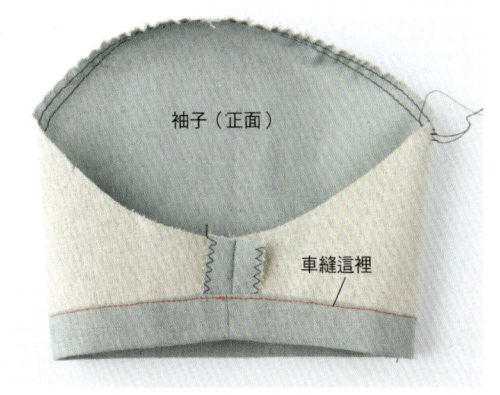

4 把袖口的縫份摺起來,車縫袖口一整圈(請參考P.27「圓筒狀的車縫法」)。

未完,請繼續閱讀下一頁→

後身布（正面）

前身布（反面）

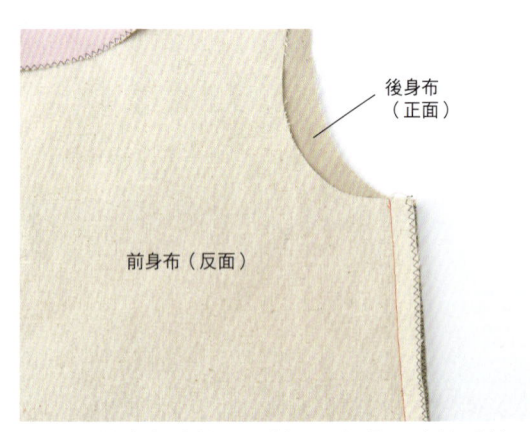

5 前後衣身片的正面對正面相疊，車縫肩線和脇邊。

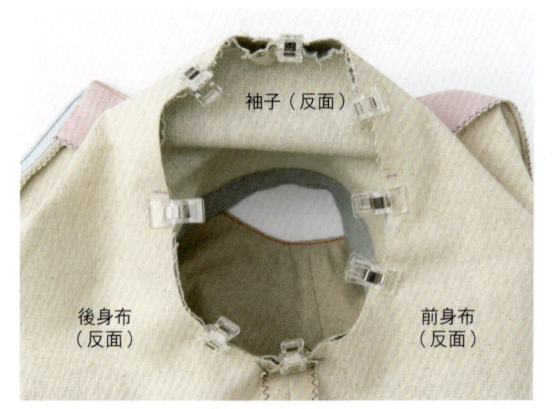

袖子（反面）

車縫這裡

後身布（反面）

前身布（反面）

袖子（反面）

在始縫點重疊車縫

後身布（反面）

前身布（反面）

袖子（反面）

後身布（反面）

前身布（反面）

6 把衣身片的肩線和袖山的正面對正面相疊，對齊合印記號，用裁縫固定夾固定住。

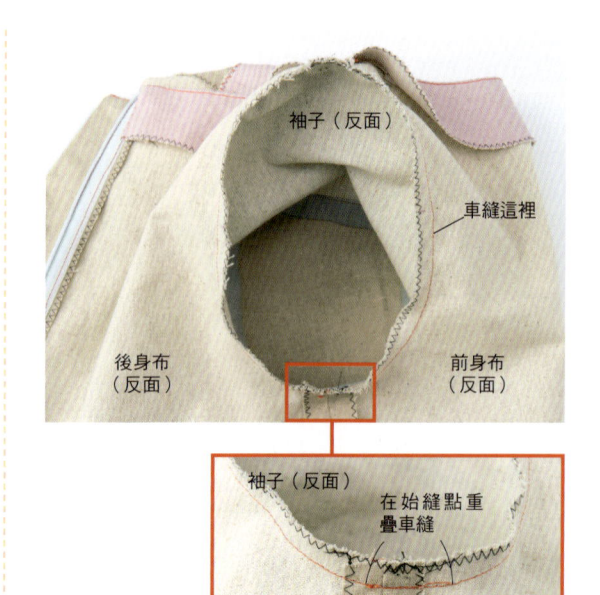

7 從袖子那一側開始車縫袖襱一整圈（請參考P.27「圓筒狀的車縫法」。結束車縫時要倒車處理，讓開始車縫的縫線與結束車縫的縫線重疊。兩片布的縫份一起用鋸齒縫來車縫鎖邊，縫份要往袖子那一側的方向倒。

插肩袖

又稱為拉克蘭袖，袖子與肩部沒有明顯分界，袖子從領口延伸到腋下，形成一種連續的線條。這種袖子設計使手臂容易動作，機能性佳。

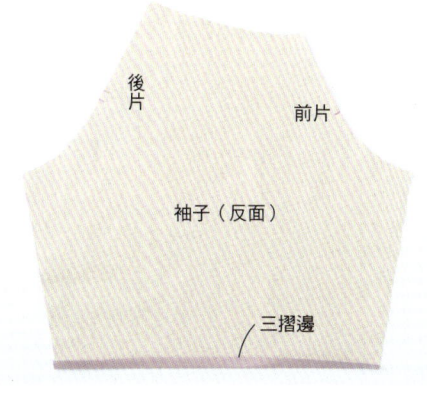

1 袖口的縫份先用熨斗做三摺邊處理（請參考P.83）。

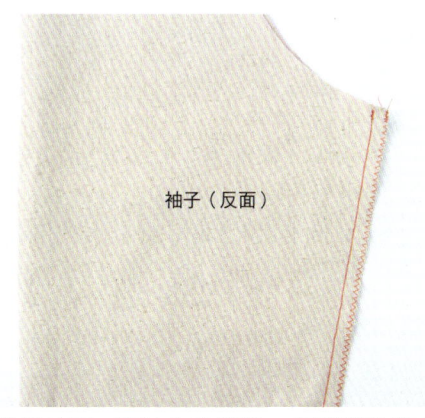

2 車縫袖下，兩片布的縫份一起用鋸齒縫來車縫鎖邊。

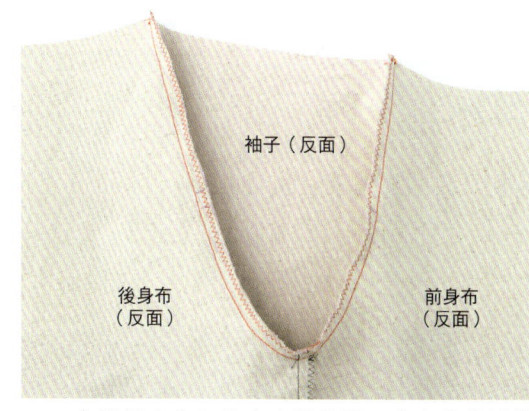

3 車縫前身布和後身布的脇邊，衣身片的袖襱與袖子的正面相對疊合，車縫一整圈。兩片布的縫份一起用鋸齒縫來車縫鎖邊。

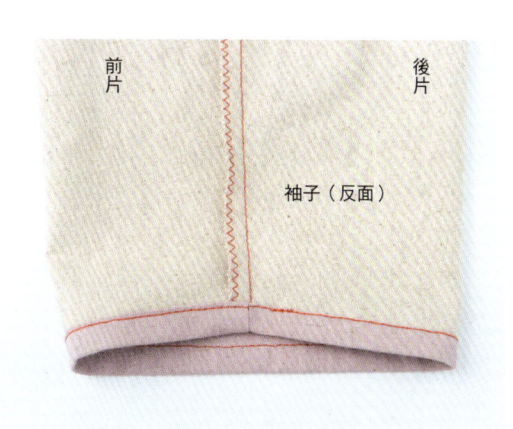

4 袖下的縫份要往前片的方向倒，把袖口的縫份摺起來，車縫袖口一整圈（請參考P.27「圓筒狀的車縫法」）。

第4章 服裝各部位的縫製技巧

接合袖

插肩袖

109

泡泡袖

在袖山和袖口處抽細褶抓皺,做出蓬蓬鼓起的袖子,製作重點是要讓細褶平均抓皺,才能完成漂亮的成品。以下介紹在袖口處加上袖襱(袖口的裝飾性結構)的做法。

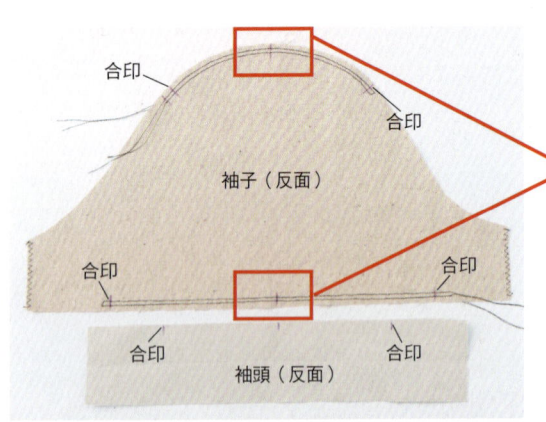

1 在袖山和袖口兩端的合印記號(即抽褶止縫點)之間,用大針距的縫線車縫兩道線。一道車縫在距離邊緣0.3cm的位置,另一道車縫在距離邊緣0.8cm的位置。

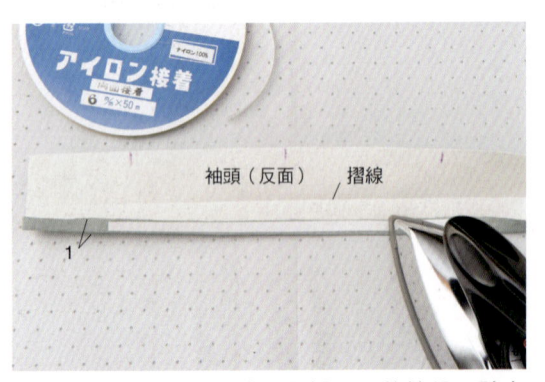

2 將袖頭的其中一邊向內摺1cm的縫份,貼上布用雙面膠(請參考P.84),用熨斗燙貼。為了避免膠帶超出布料,只要在中央附近黏貼即可。

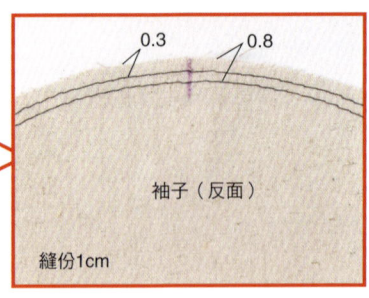

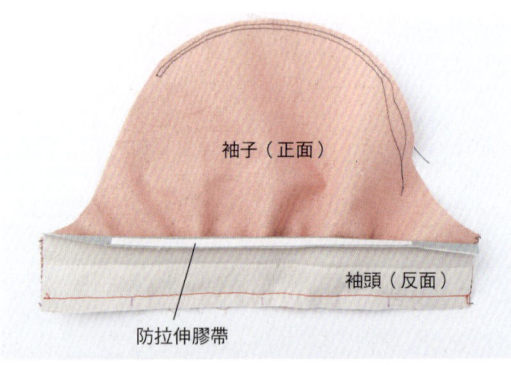

3 把袖子的袖口那一側與袖口的正面相對疊合,對齊合印記號,抽細褶抓皺後車縫(請參考P.92以及下述的重點)。

KURAI・MUKI Point
把要抽細褶的那一面朝上進行車縫

進行抽細褶抓皺的時候,要拉背面的線來調整。想要讓細褶平均聚攏,訣竅是一邊用錐子推進布料、一邊車縫(請參考P.92的步驟**5**)。

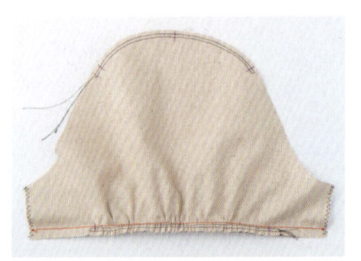

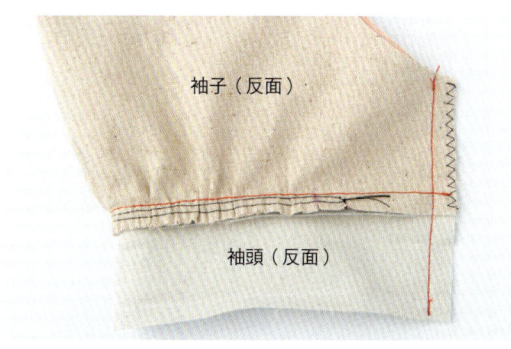

4. 把袖頭攤開，從袖下一直車縫到袖頭的邊緣位置。

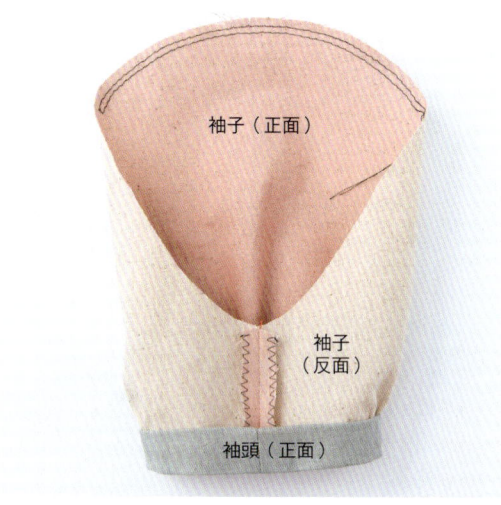

5. 把袖頭往上摺，撕開防拉伸膠帶的隔離紙後，用熨斗燙貼到袖子。

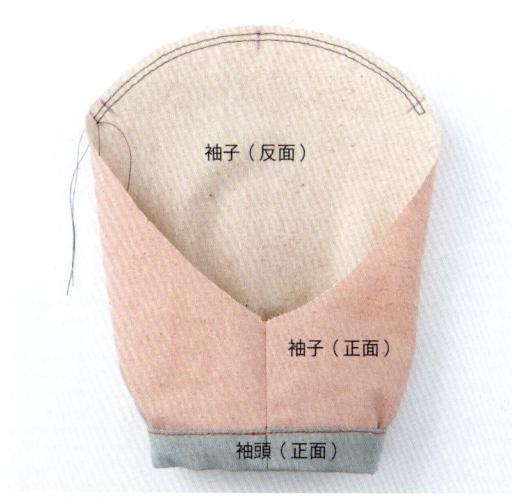

6. 把袖子翻到正面，從正面在袖頭的邊緣車縫一整圈（請參考P.27「圓筒狀的車縫法」）。

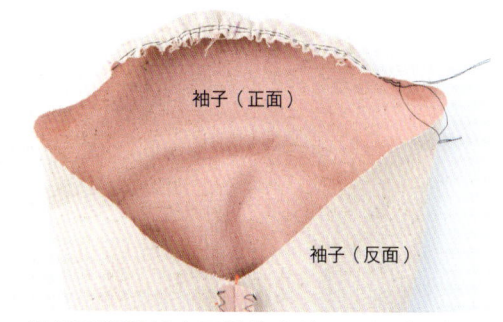

7. 從反面輕拉袖山兩端的大針距縫紉線，抽細褶抓皺。

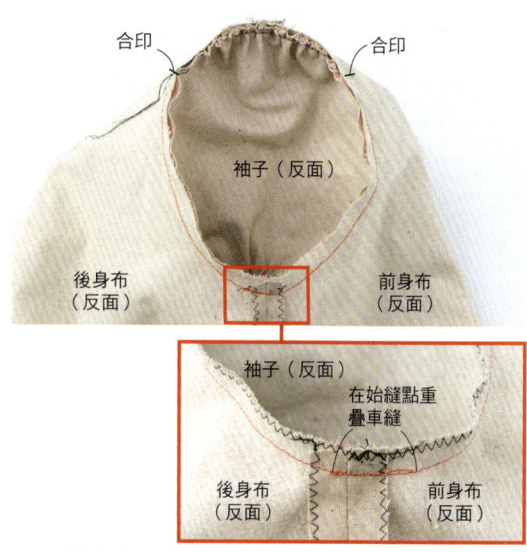

8. 對齊合印記號，從袖子那一側開始車縫袖襱一整圈（請參考P.27「圓筒狀的車縫法」）。從袖下開始車縫，結束車縫時要倒車處理，讓開始車縫的縫線與結束車縫的縫線重疊。兩片布的縫份一起用鋸齒縫來車縫鎖邊，縫份要往袖子的那一側方向倒。

KURAI・MUKI Point

如果袖頭反面的縫線脫落，使用藏針縫收尾

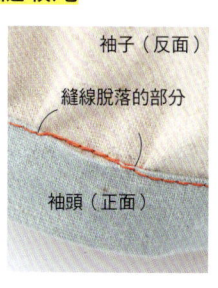

從正面車縫袖頭的邊緣後，從反面一看，有時會出現縫線從袖頭脫落的情形。如果正面車縫得很漂亮整齊的話，就不用重新車縫，將脫落的部分用藏針縫（手縫）補強即可。

第4章　服裝各部位的縫製技巧

泡泡袖

腰頭

安裝在褲子或裙子腰圍位置的帶狀布料，通常會選擇與服裝主體布料相同或相近的材質。腰帶的長度要測量穿著者的腰圍，再加上門襟的部分。

※以下用在裙子安裝腰頭來解說製作步驟。

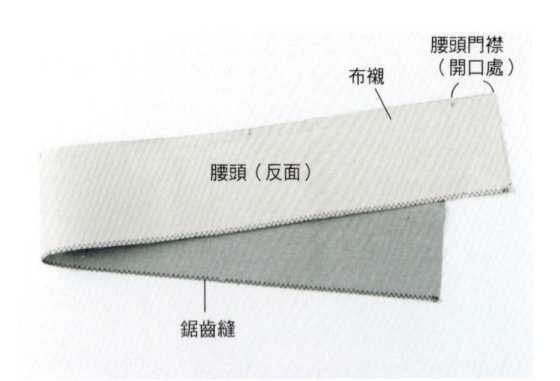

1 在腰頭的反面貼上布襯，在長的那一邊用鋸齒縫來車縫鎖邊。

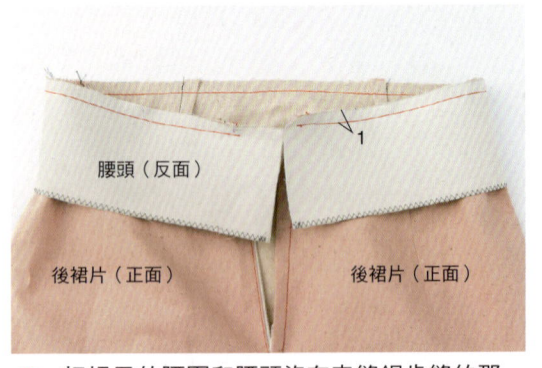

2 把裙子的腰圍和腰頭沒有車縫鋸齒縫的那一端正面對正面相疊，車縫腰圍一整圈。

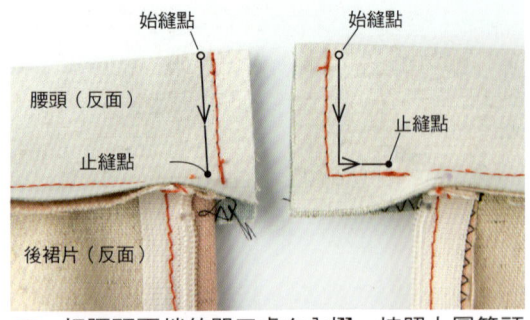

3 把腰頭兩端的開口處向內摺，按照上圖箭頭的方向進行車縫。

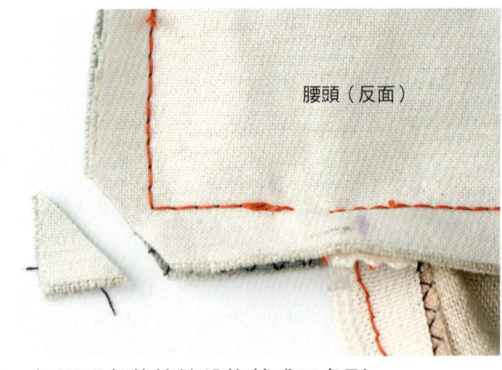

4 把腰頭角落的縫份修剪成三角形。

5 把腰頭角落的縫份，沿著縫線向內摺，食指插入腰頭，壓住角落，翻回正面。

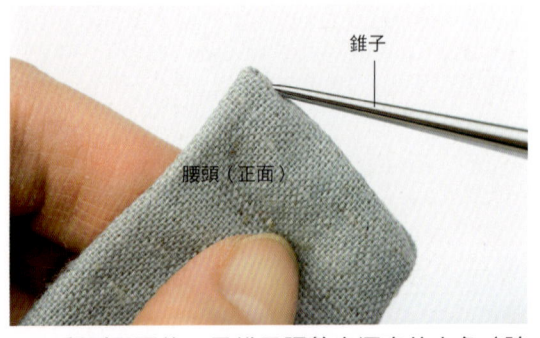

6 翻到正面後，用錐子調整出漂亮的尖角（請參考P.41）。

112

第 4 章　服裝各部位的縫製技巧

腰頭

裙子（反面）
腰頭（正面）

7 把腰頭往裙子的方向摺，用熨斗燙出摺痕。

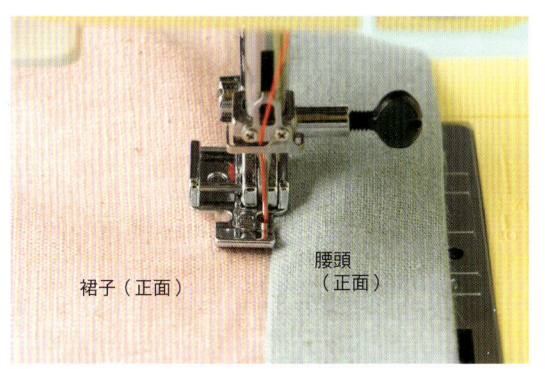

腰頭（正面）
前裙片（正面）

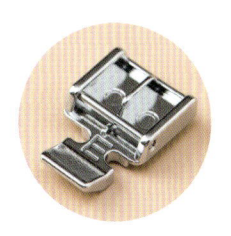

9 從正面看的狀態。漏落縫完美車縫在腰頭和裙子的分割線上。

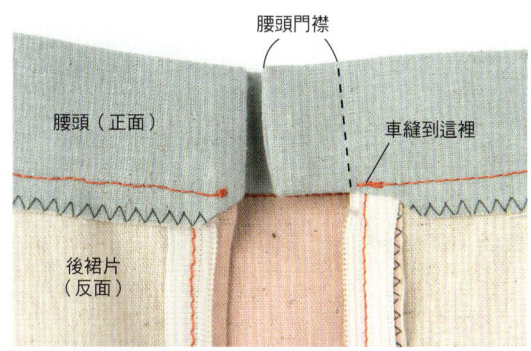

裙子（正面）
腰頭（正面）

8 從正面在裙子和腰頭之間車縫。如上圖所示，要在兩片布的分割線上準確車縫，此車縫法稱為「漏落縫（註）」。腰頭的反面會被縫合起來，但從正面幾乎看不到縫線。

註：漏落縫是一種需要將縫合線藏在布料內部的縫紉技術。這種車縫方式使外部看不到縫線，進而達到更加乾淨和美觀的效果。

腰頭門襟
腰頭（正面）
車縫到這裡
後裙片（反面）

10 從反面看的狀態。在腰頭門襟之前的位置停止車縫。

拉鍊壓布腳（請參考P.29）只會壓住單側的布料，使用此壓布腳進行漏落縫即可輕鬆車縫。

113

鬆緊帶腰頭

製作腰部使用鬆緊帶的裙子或褲子時，只要善用穿繩器（請參考P.41），就能快速完成穿鬆緊帶的步驟。鬆緊帶的長度通常以腰圍尺寸×0.9（cm）為基準。

※以下用鬆緊裙來解說在腰頭安裝鬆緊帶的步驟。

●寬度粗的鬆緊帶一條

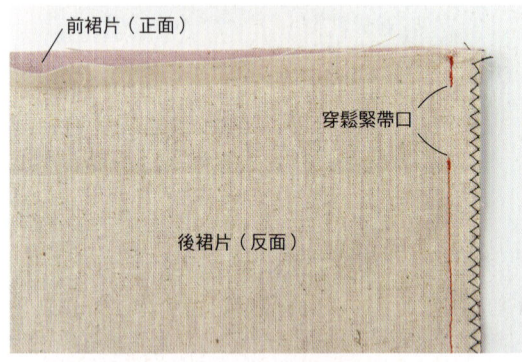

1 把前後裙片正面對正面相疊後，車縫脇邊，留下穿鬆緊帶的開口不車縫。

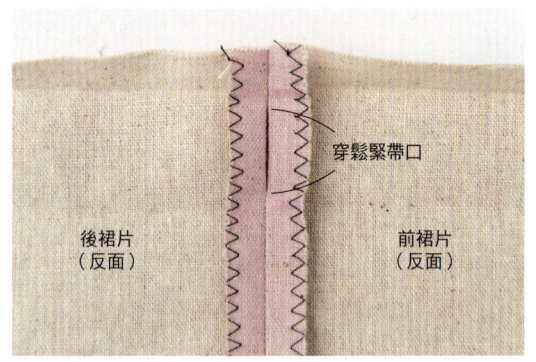

2 把脇邊的縫份燙開。

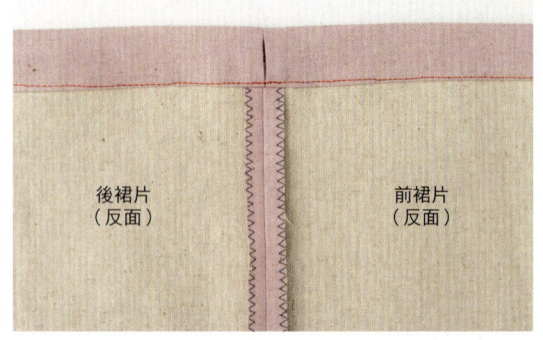

3 腰圍先用熨斗做三摺邊處理（請參考P.83），之後車縫。

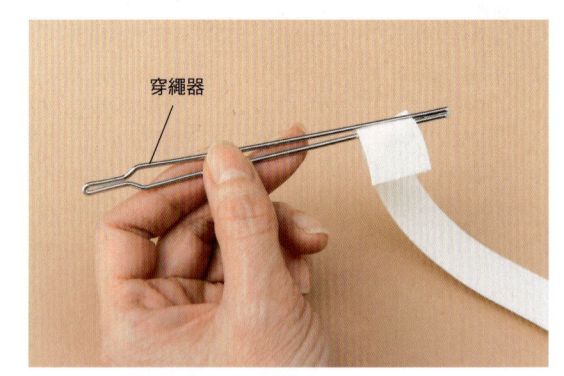

4 把鬆緊帶穿入穿繩器中。

KURAI・MUKI Point
用珠針別起來，可防止鬆緊帶整條拉出來

穿鬆緊帶的時候，在穿入穿繩器相反方向的另一端先插上珠針，就能防止在穿繩過程中，鬆緊帶穿過頭而整條被拉出來。

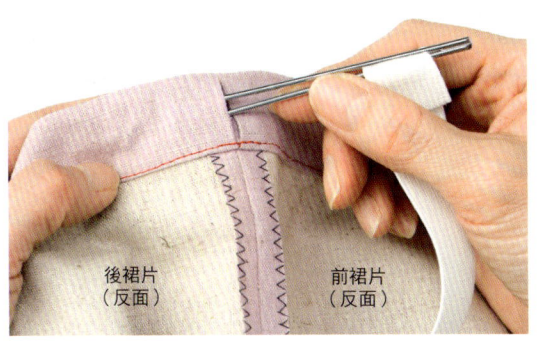

第 4 章　服裝各部位的縫製技巧

鬆緊帶腰頭

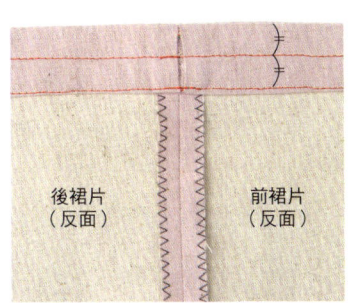

1　請參考上一頁的步驟 1～3 完成腰頭的車縫，再車縫一道腰圍的中央線。

後裙片（反面）　前裙片（反面）

2　準備一條上一頁兩倍長度的細鬆緊帶，對折成一半。將鬆緊帶的兩端分別穿在兩支穿繩器上，把兩支穿繩器一起放入穿鬆緊帶口，如上圖。

摺雙

3　把鬆緊帶穿一圈。完全穿過去之後，穿入鬆緊帶口的位置會留下鬆緊帶的中央（即摺雙的部分），將鬆緊帶的中央剪斷。

4　把鬆緊帶的兩端重疊1cm，用手縫固定。把腰圍往左右拉，讓鬆緊帶收進穿鬆緊帶口的裡面。

後裙片（反面）　前裙片（反面）

5　將穿好鬆緊帶的穿繩器放入穿鬆緊帶口。

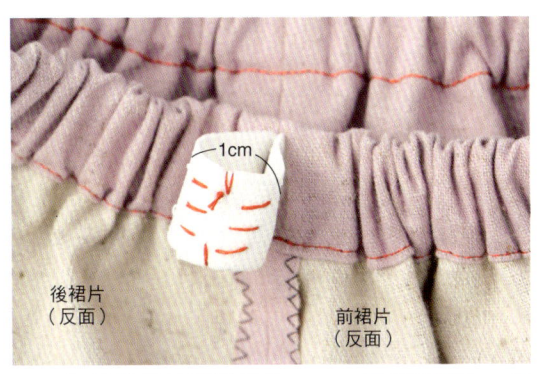

1cm

後裙片（反面）　前裙片（反面）

6　把鬆緊帶的兩端重疊1cm，用手縫固定。把腰圍往左右拉，讓鬆緊帶收進穿鬆緊帶口的裡面。

● 細的鬆緊帶兩條

※需同時使用兩支穿繩器。

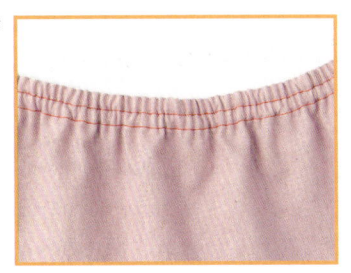

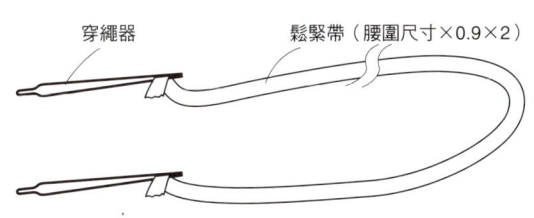

穿繩器　　鬆緊帶（腰圍尺寸×0.9×2）

如果手邊沒有穿繩器，也可以用安全別針替代，將別針別在鬆緊帶的前端即可。即使兩條鬆緊帶一起穿，也能穿得順暢又漂亮。

115

生活中的縫縫補補

拉鍊的各部位名稱和種類

每天幾乎都會使用到的拉鍊，根據材質、形狀或拉開方式的不同，可分為好幾個種類。以下我們來認識各種拉鍊及其各部位的名稱。

〔各部位的名稱〕

拉頭
藉由拉頭上下移動，可開合拉鍊。

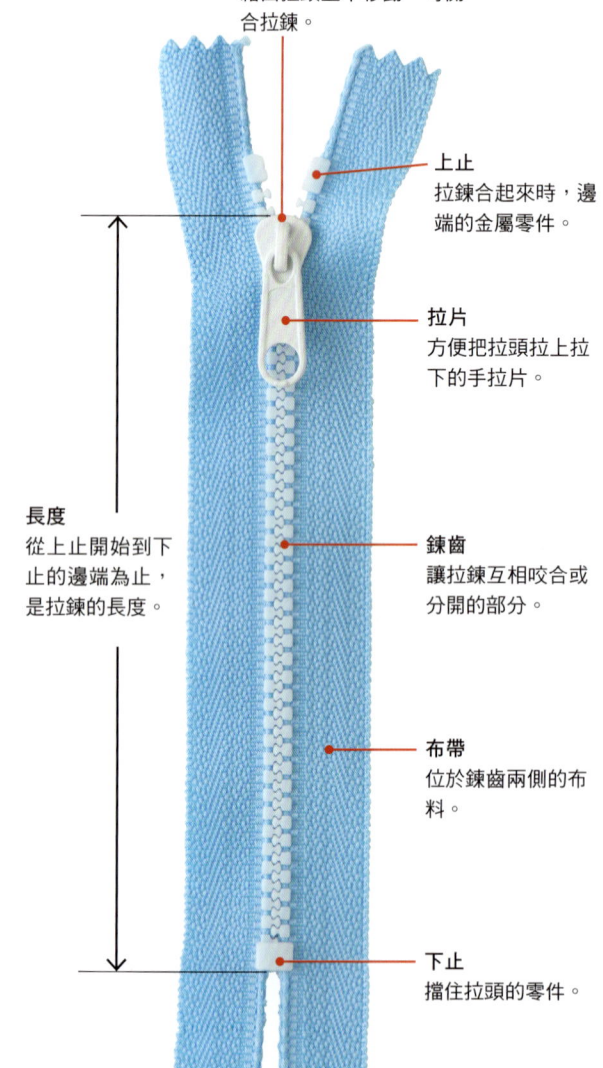

上止
拉鍊合起來時，邊端的金屬零件。

拉片
方便把拉頭拉上拉下的手拉片。

長度
從上止開始到下止的邊端為止，是拉鍊的長度。

鍊齒
讓拉鍊互相咬合或分開的部分。

布帶
位於鍊齒兩側的布料。

下止
擋住拉頭的零件。

〔依材質分類〕

樹脂拉鍊
鍊齒的咬合清楚可見，鍊齒和布帶的顏色十分豐富。

FLAT KNIT® 拉鍊
鍊齒的部分細緻又柔軟，適合隨身小包等的小物製作。

隱形拉鍊
安裝上去後看不見鍊齒，常使用於裙子或洋裝等等。

線圈拉鍊
鍊齒的部分是樹脂材質，呈線圈狀。可以用剪刀剪斷。

金屬拉鍊
鍊齒是金屬材質，常使用於牛仔褲或夾克外套。

〔依開口分類〕

單開拉鍊
使用一個拉頭來開合,拉頭到下止就會停止,常見於褲子的前開拉鍊。

單開開口式拉鍊
使用一個拉頭來開合,拉到最下面時可左右分離,常見於夾克外套。

雙開拉鍊
使用兩個方向相對的拉頭來開合,拉鍊能從兩個方向拉開或關閉,也稱為「雙向拉鍊」,常見於包包或行李箱。

逆開雙開拉鍊
使用兩個方向相反的拉頭來開合,從上面或下面都能拉開。兩個拉頭拉到最下面時可左右分離,常見於連帽外套。

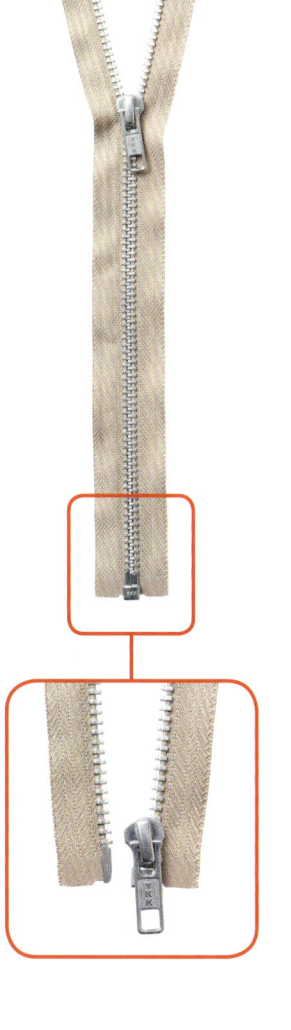

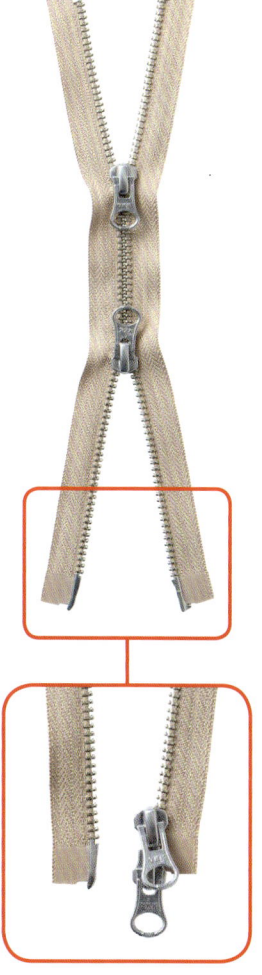

第 4 章 服裝各部位的縫製技巧

拉鍊的各部位名稱和種類

117

有門襟的拉鍊

安裝拉鍊的位置，用一塊稱為「門襟」的布料隱藏起來。常見於裙子或連身裙等服飾。※以下用安裝在裙子後中央的右開拉鍊來解說製作步驟。如果拉鍊門襟改為左開，壓線的位置要在相反方向，後裙片的縫份要突出0.3cm，在前裙片那一側車縫當作裝飾線。

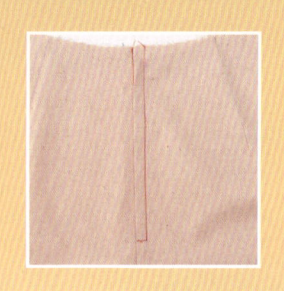

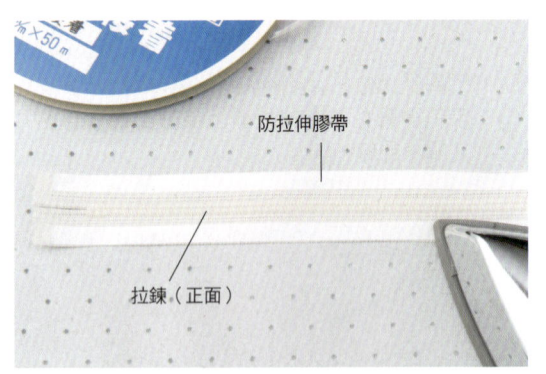

1 在拉鍊的正面兩側布帶貼上防拉伸膠帶。

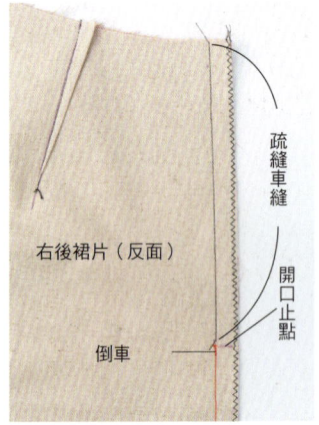

2 把後裙片的正面對正面相疊，車縫到稍微超過開口止點的地方。在開口止點一定要倒車3～4針，以免脫線。開口止點以上的部分，先用大針距的縫線車縫。

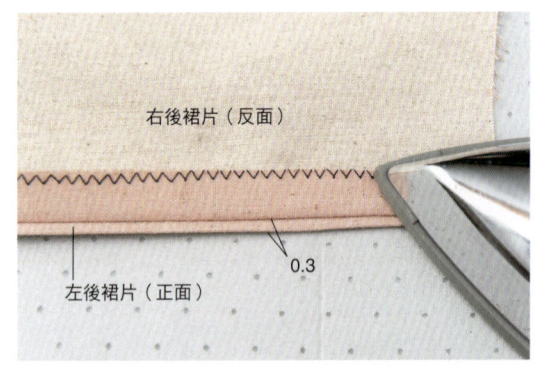

3 左後裙片的縫份，到開口止點為止，要比右後裙片的縫份多0.3cm，縫份向內摺後用熨斗燙平。

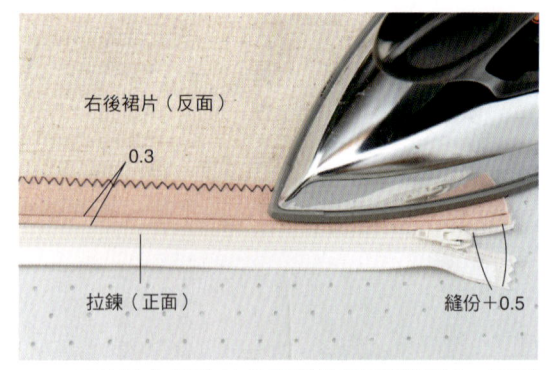

4 把拉鍊左側防拉伸膠帶的隔離紙撕掉，用熨斗燙貼在多出0.3cm的左後裙片上。

5 拉鍊拉頭往下拉，縫紉機的壓布腳換成拉鍊壓布腳，車縫拉鍊的鍊齒旁邊。車縫到快碰到拉頭的位置時先暫停。以車針在布面下方的狀態，把壓布腳往上抬、拉鍊拉頭往上拉之後，再車縫到底。

拉鍊壓布腳（請參考P.29）

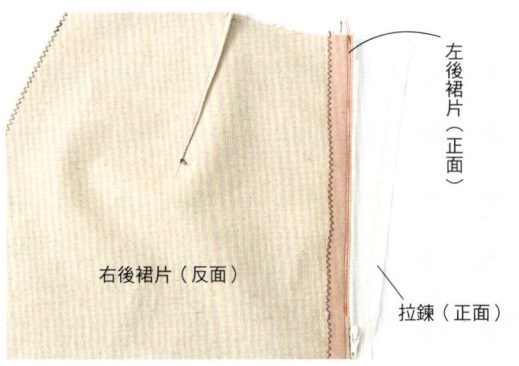

第4章 服裝各部位的縫製技巧

有門襟的拉鍊

6 步驟5車縫完成的狀態。

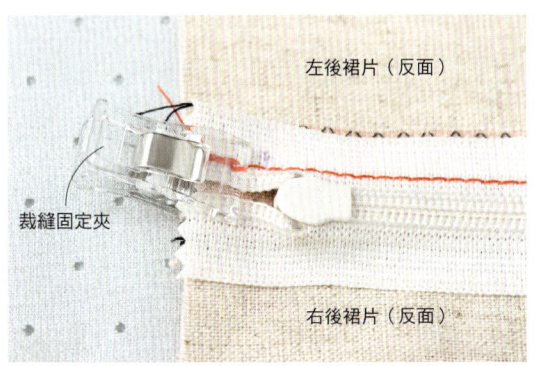

左後裙片（正面）
拉鍊（正面）
右後裙片（反面）

7 為了避免拉鍊邊端左右分開，先用裁縫固定夾夾住布料邊緣。

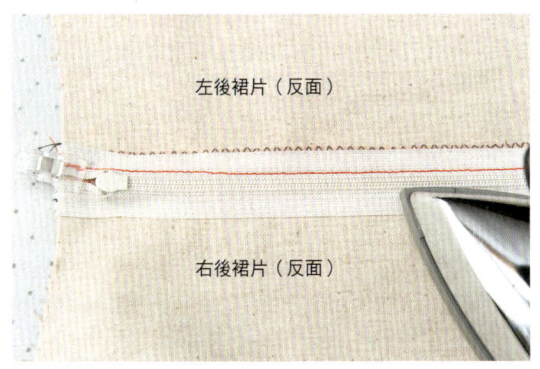

裁縫固定夾
左後裙片（反面）
右後裙片（反面）

8 把拉鍊另一邊防拉伸膠帶的隔離紙撕掉，用熨斗燙貼在右後裙片的縫份上。

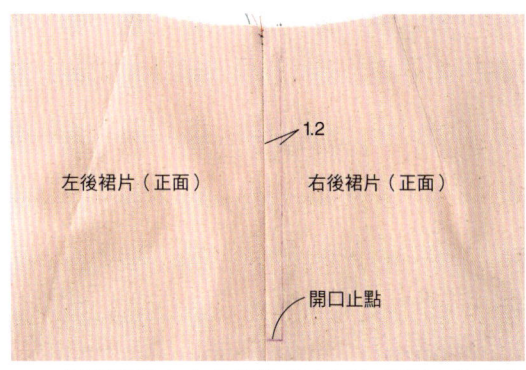

左後裙片（反面）
右後裙片（反面）

9 用記號筆在右後裙片畫上要在正面車縫當作裝飾線的線。

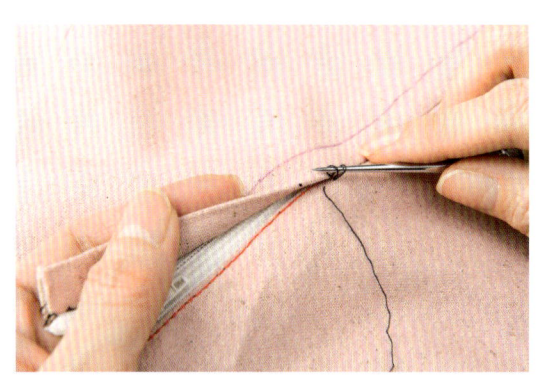

左後裙片（正面）　右後裙片（正面）
1.2
開口止點

10 用錐子或拆線器拆掉步驟2的車縫線。

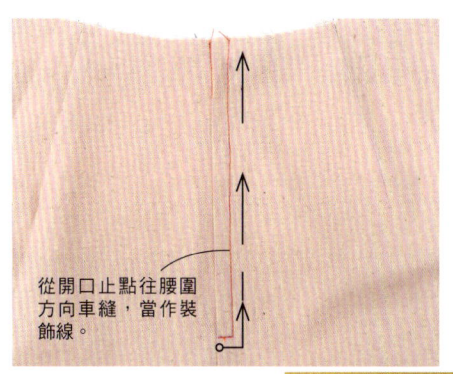

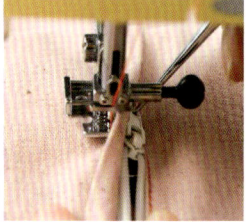

11 拉鍊拉頭往上拉，按照上圖的箭頭方向車縫，車縫到快碰到拉頭的位置時先暫停。以車針在布面下方的狀態，把壓布腳往上抬，移動拉頭位置後，再車縫到底。

從開口止點往腰圍方向車縫，當作裝飾線。

119

隱形拉鍊

車縫之後從正面看不到鍊齒，常見於禮服或連身裙的背後中央處。製作時，要準備比所需長度還要長約3cm左右的拉鍊。

※以下用安裝在後身布中央的隱形拉鍊來解說製作步驟。

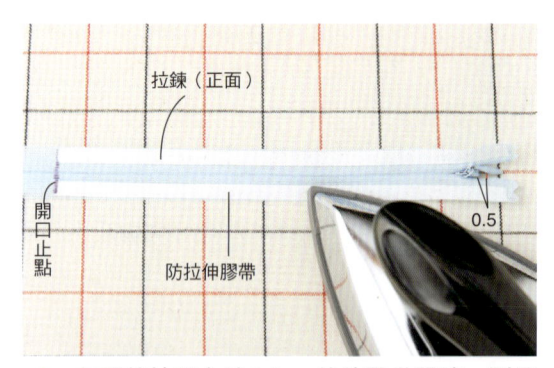

1 在距離拉頭上端0.5cm的位置做記號，測量這裡到開口止點的長度，在開口止點處也要做記號。在拉鍊正面的兩側布帶貼上防拉伸膠帶，一直貼到開口止點。為了讓領圍容易車縫，拉鍊的上端要從距離領圍0.5cm的位置開始安裝。

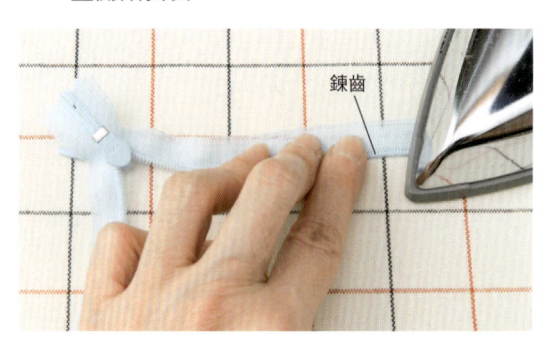

標註：拉鍊（正面）、開口止點、防拉伸膠帶、0.5

2 拉鍊反面朝上，把鍊齒倒向自己，用乾式熨斗低溫熨燙。

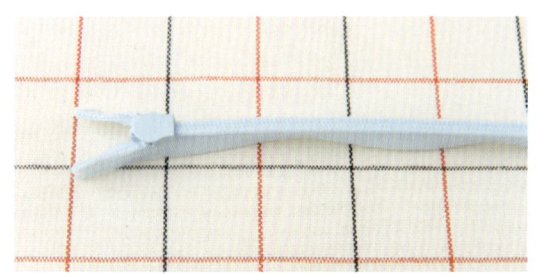

標註：鍊齒

3 完成熨燙的狀態。拉鍊的鍊齒會立起來，變成上圖中的模樣。多一個熨燙的步驟，拉鍊會更容易安裝。

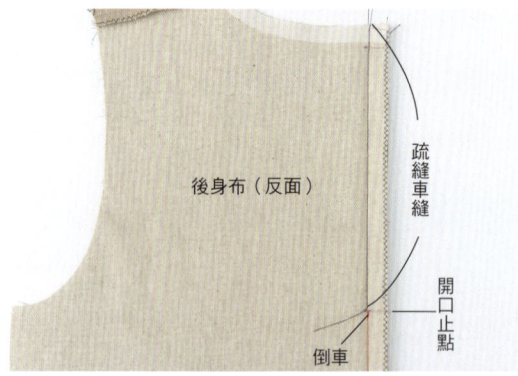

4 把後身布的正面對正面相疊，車縫到稍微超過開口止點的地方。在開口止點一定要倒車3～4針，以免脫線。開口止點以上的部分，先用大針距的縫線車縫（疏縫車縫）。

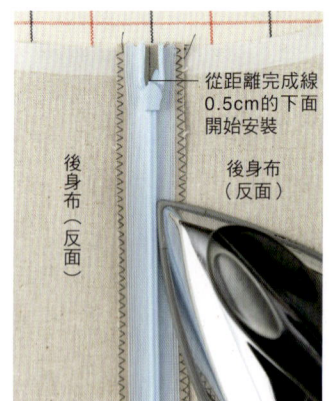

標註：後身布（反面）、疏縫車縫、開口止點、倒車

5 把後中央的縫份燙開。把貼在拉鍊兩邊的防拉伸膠帶隔離紙撕掉，拉鍊的鍊齒對齊後中央，用熨斗燙貼。

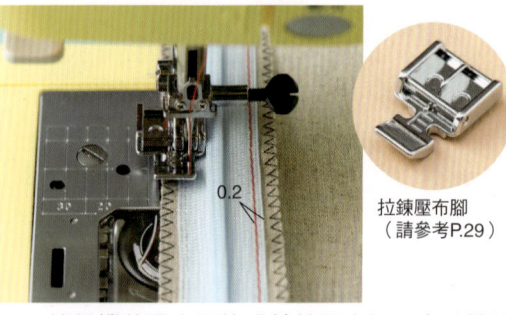

標註：從距離完成線0.5cm的下面開始安裝、後身布（反面）、後身布（反面）

6 縫紉機的壓布腳換成拉鍊壓布腳，車縫拉鍊兩邊的縫份，一直車縫到開口止點為止。

標註：0.2、拉鍊壓布腳（請參考P.29）

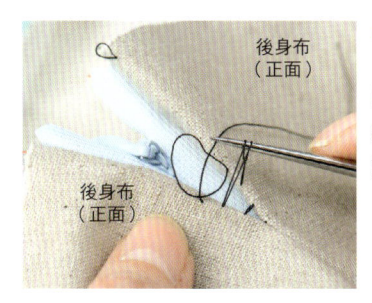

7 用錐子或拆線器拆掉步驟4的大針距車縫線。

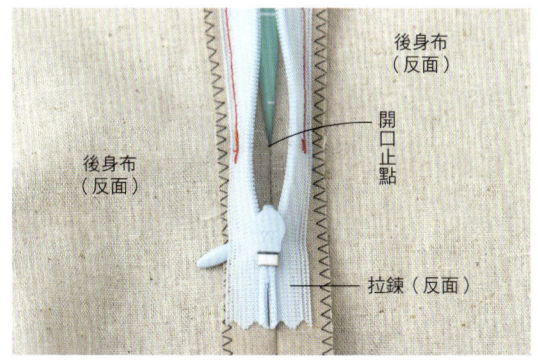

8 把拉鍊拉頭拉到開口止點的下面。

9 縫紉機的壓布腳換成隱形拉鍊壓布腳。把拉鍊的鍊齒嵌進壓布腳的凹槽裡,從上面往開口止點的方向,車縫鍊齒旁邊的布帶。

隱形拉鍊壓布腳
(請參考P.29)

10 車縫另一邊的布帶時,要使用隱形拉鍊壓布腳的另一邊凹槽(圖中為右邊)進行車縫。

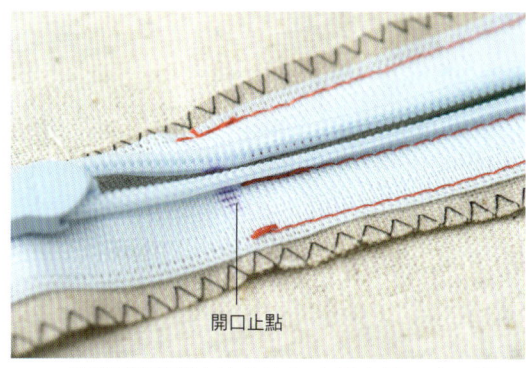

11 緊貼著隱形拉鍊的鍊齒旁邊車縫,車到開口止點為止。

12 把拉頭往上拉,把下止擋片對齊開口止點的位置,用老虎鉗夾緊固定。

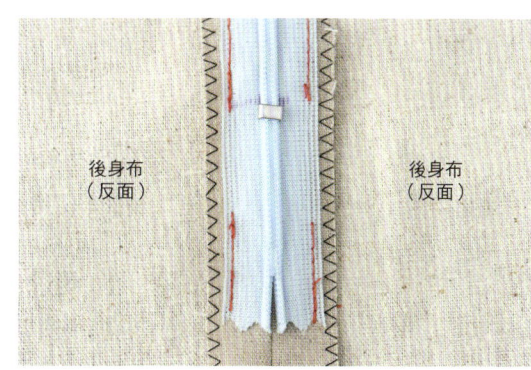

13 把開口止點下方兩邊布帶,分別車縫在兩端的縫份上。

第4章 服裝各部位的縫製技巧

隱形拉鍊

鍊齒外露的拉鍊

從正面看得見鍊齒，常見於包包或化妝包等配件。金屬拉鍊和FLAT KNIT拉鍊都是用以下介紹的方式安裝，這裡用金屬拉鍊來解說。

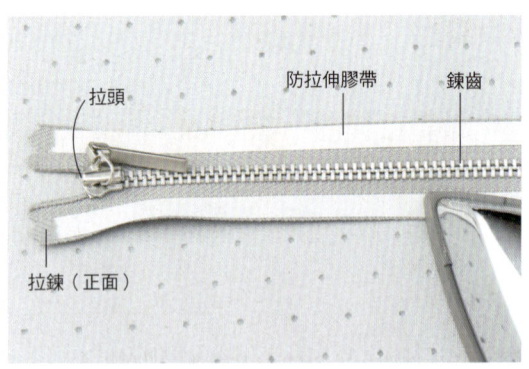

1 在拉鍊的正面兩側布帶貼上防拉伸膠帶。（拉頭、防拉伸膠帶、鍊齒、拉鍊（正面））

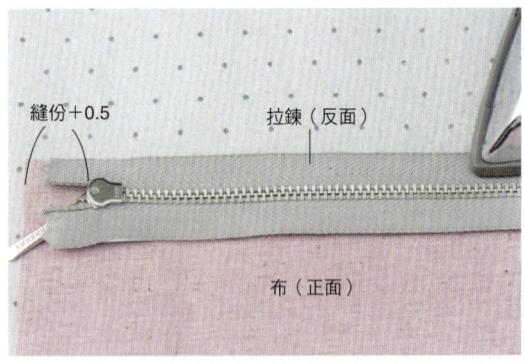

2 把其中一邊防拉伸膠帶的隔離紙撕掉，對齊要裝拉鍊的布邊，用熨斗燙貼。（縫份+0.5、拉鍊（反面）、布（正面））

3 把拉頭往下拉，縫紉機的壓布腳換成拉鍊壓布腳，車縫拉鍊的鍊齒旁邊。
拉鍊壓布腳（請參考P.29）

4 車縫到快到拉頭的位置先暫停。以車針在布面下方的狀態，把壓布腳往上抬，把拉鍊拉頭往上拉之後，再車縫到底。

5 步驟4車縫完成的狀態。（布（正面））

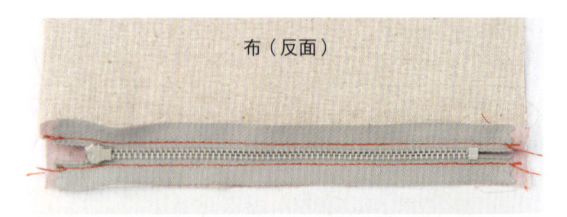

6 另一邊重複步驟2～4，用同樣的方式縫合。（布（反面））

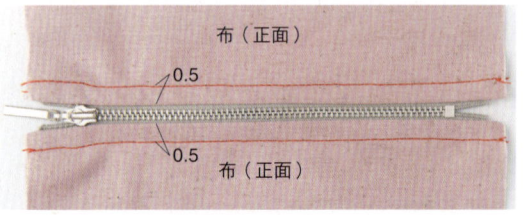

7 從正面在距離拉鍊兩邊0.5cm的位置各自直線車縫，當作裝飾線。（布（正面）、0.5、0.5、布（正面））

多層鬆緊縮褶

在布的反面車縫鬆緊帶，利用鬆緊帶的彈性，布會皺縮起來呈現波浪狀，具有裝飾的效果。

※以下用前身布縫合鬆緊帶來解說製作步驟。

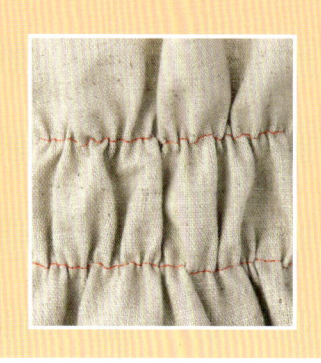

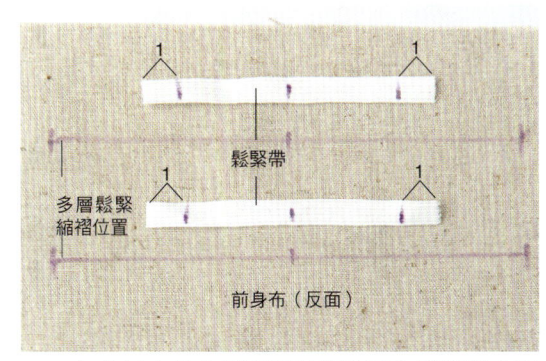

1 在布料上的多層鬆緊縮褶位置和鬆緊帶分別用記號筆做記號。布料的長度大約是鬆緊帶的2倍，以確保布料能夠充分縮褶。

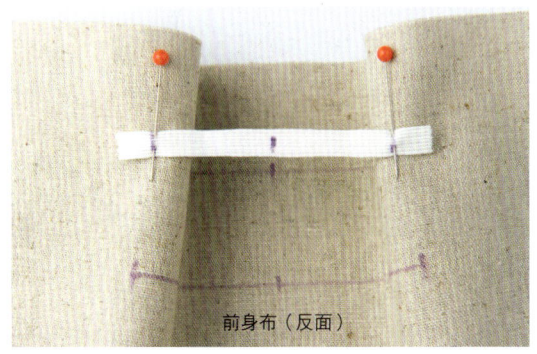

2 把鬆緊帶的記號兩端對齊布料上的記號兩端，用珠針固定住。

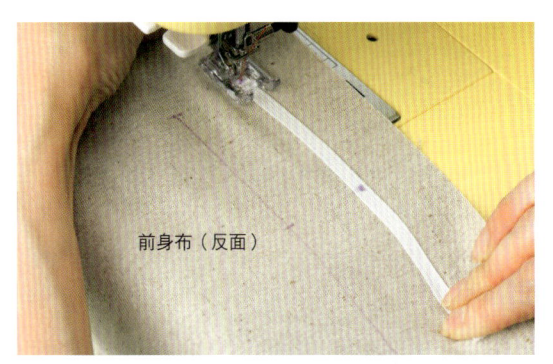

3 一邊拉開鬆緊帶，一邊對齊記號，車縫鬆緊帶的中央。開始車縫與結束車縫時都要倒車處理。

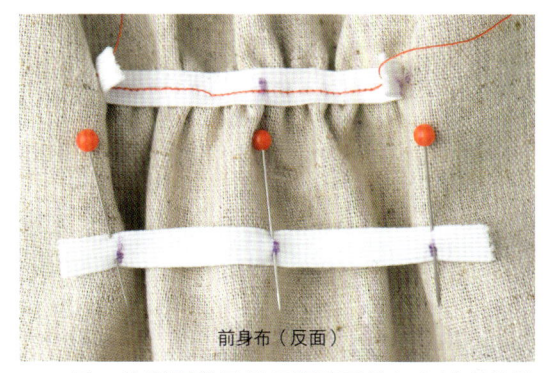

4 另一條鬆緊帶同樣把記號兩端和布料上的記號兩端對齊，用珠針固定住。

5 一邊拉著布，一邊對齊記號，車縫鬆緊帶的中央。開始車縫與結束車縫時都要倒車處理。

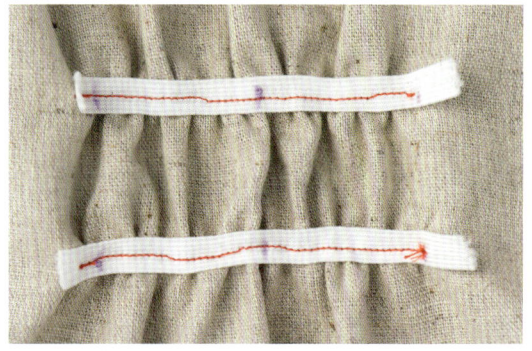

6 兩條鬆緊帶車縫完成的狀態。

布環

以下介紹如何製作固定扣子等的布環。製作重點是必須使用斜紋方向裁剪的布料。製作收腰襯衫或穿過領圍等的拉繩時,也適用於這個方法。

※以下分別用手縫針和反裡器來解說如何將布環翻面。

布環

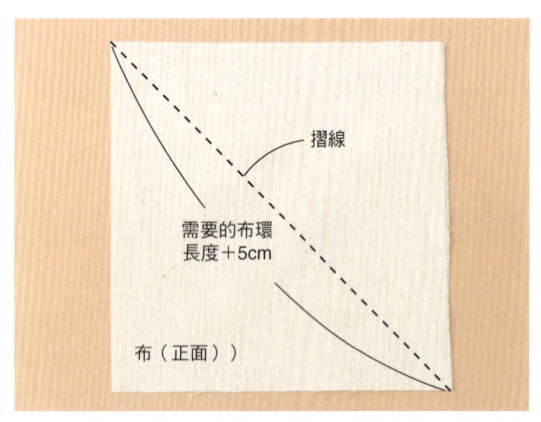

1 準備一塊正方形的布料,布料的對角線長度要大於「需要的布環長度+5cm」。布料的正面相對,摺成三角形。

摺線
需要的布環長度+5cm
布(正面)

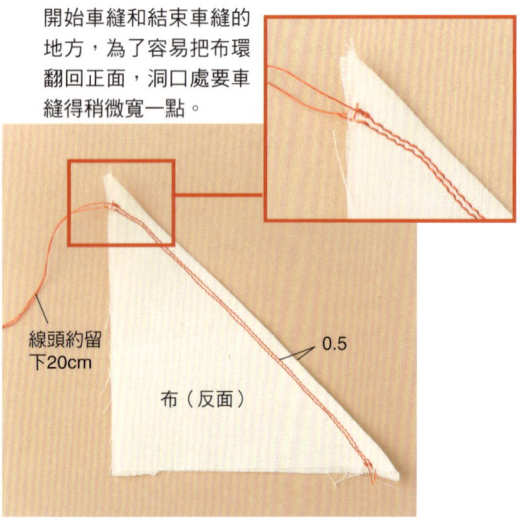

2 在距離摺線0.5cm的內側車縫,在這條縫線的旁邊再車縫一條平行線。其中一邊要預留約20cm的線頭。

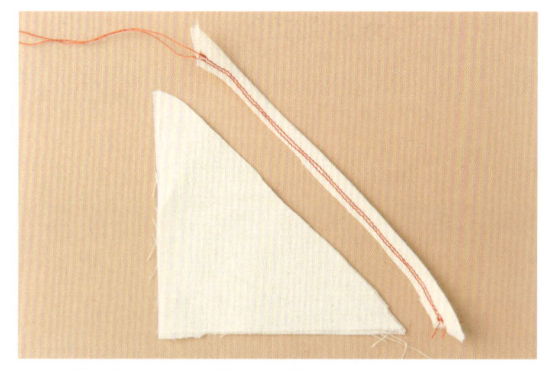

開始車縫和結束車縫的地方,為了容易把布環翻回正面,洞口處要車縫得稍微寬一點。

線頭約留下20cm
0.5
布(反面)

3 從縫線的旁邊將布條裁切下來。

老師,我有疑問!

布環的長度要怎麼計算,才能順利穿過扣子呢?

A **長度是(扣子的直徑+縫份)×2。**

比起經緯方向的布料,斜紋布的彈性最佳,多多少少可以拉伸。因此,只要以「扣子直徑的2倍」之長度製作,就能讓扣子剛好穿過布環。在縫合布環的時候,因為兩端的縫份會被縫進去,所以要再加上縫份的長度,這就是扣子布環的全長。

●使用手縫針翻面

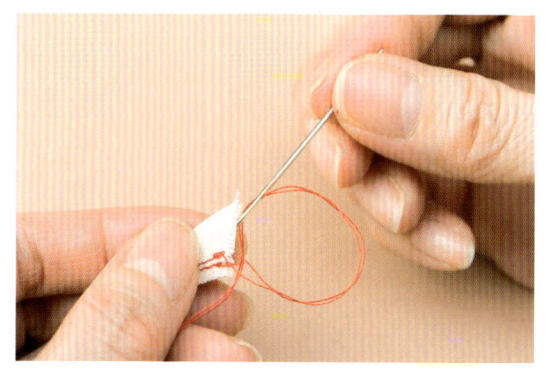

4 把預留的線頭穿過手縫針後,將針頭穿進布環裡面。

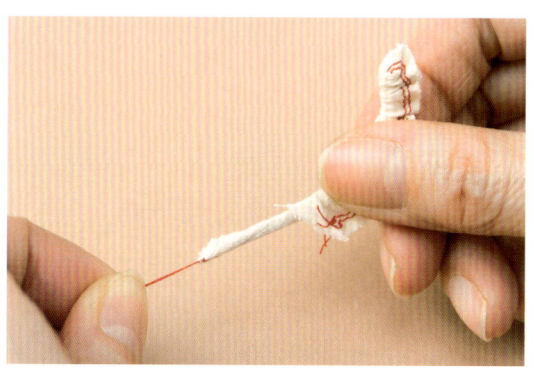

5 把針從布環另一頭的洞口穿出來,拉線讓布環翻到正面。

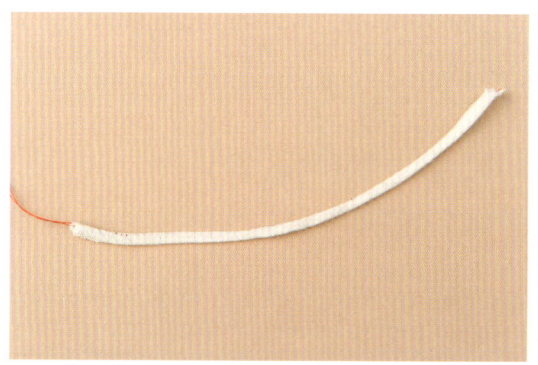

6 布環翻到正面的狀態。

●使用反裡器翻面

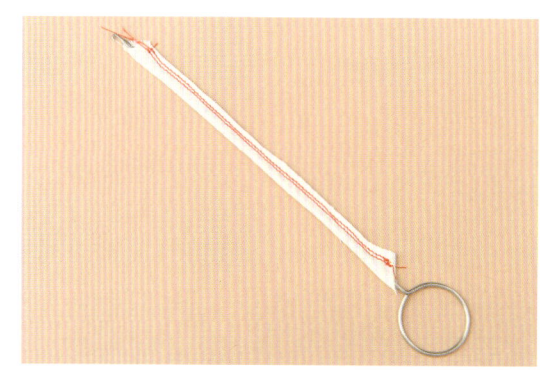

4 把反裡器穿進布環中。

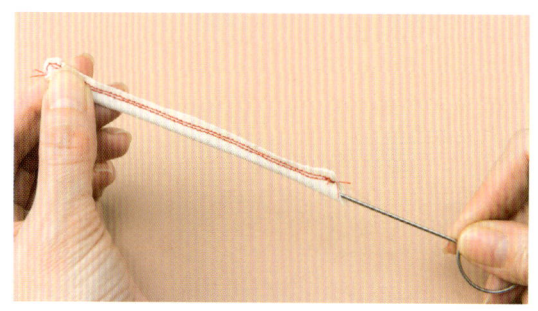

5 用反裡器尖端的勾子勾住布環的邊端,將反裡器拉出,布環就會翻到正面。

反裡器

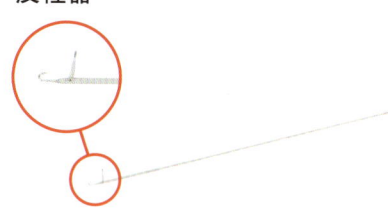

方便將布環翻到正面的專用工具。呈棒狀,尾端具有特殊的勾子設計,可勾住織物的邊緣,輕鬆翻面。

第4章 服裝各部位的縫製技巧

布環

滾邊條

把布料以45度角裁切成條狀，具有良好的延展性，可完美包覆曲線和圓形邊緣，經常用來當作布邊的包邊、滾邊或是縫份的收邊處理等。

※以下用市售的滾邊器來製作。

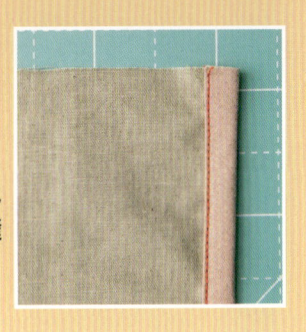

● 裁布・接合方法

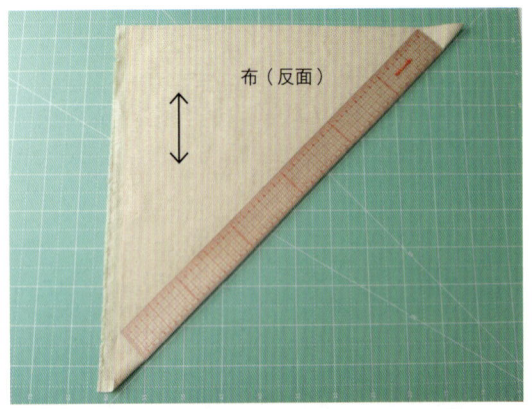

1 準備一塊正方形的布，布料的正面相對，摺成三角形。把方格尺對齊摺線，在滾邊條的寬度上用記號筆畫線（上圖寬度是5cm）。

2 把布攤開，畫上數條和步驟1寬度相同的平行線。

3 用滾輪刀沿著線裁布。

4 取任兩條布，以正面相對的方式如上圖疊在一起，車縫邊緣以接合滾邊條，如此即可加長布條。

5 用熨斗把縫份燙開，把超出布條寬度的多餘部分剪掉。

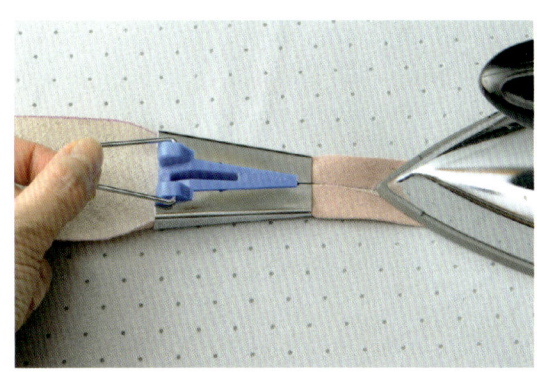

6 將車縫好的布條穿過滾邊器（圖中使用25mm寬的尺寸），一邊拉出布條，一邊用熨斗燙出摺痕。

滾邊器
製作滾邊條的專用道具。把帶狀布條穿過後，拉出來之後就是兩邊已摺好的滾邊條。市面上可購買到6mm、12mm、18mm、25mm、50mm等不同寬度的滾邊器，照片中是使用25mm的尺寸。

KURAI・MUKI Point
滾邊條重疊的位置要注意！

在接合滾邊條的時候，兩條布條要以正面相對的方式疊在一起車縫。此時，不是對齊兩條布的邊端，而是對齊「縫合處的兩端」。請調整至小針距縫線進行車縫。

○ 縫線的兩端，不管哪一邊都在兩片相疊的布條上。

✕ 兩端都只車縫到一片布條的狀態。

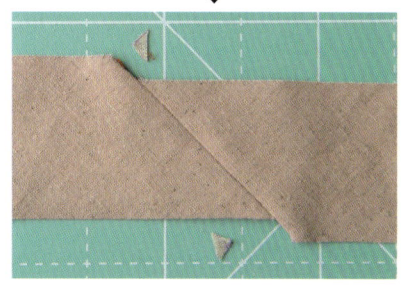

攤開後翻到正面，布條完全錯位。

第4章 服裝各部位的縫製技巧

滾邊條

●如何包邊

使用滾邊條包覆住布料邊緣，不但可以防止布邊脫線，如果使用對比色或顏色相襯的滾邊條，更能變成邊緣的裝飾。滾邊條的寬度計算方式，一般來說是預計包覆布邊寬度的四倍。

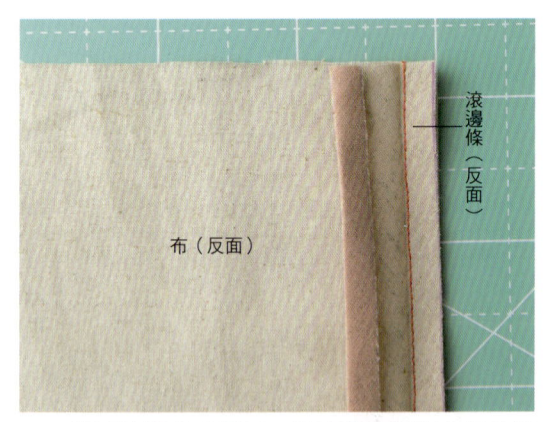

滾邊條（反面）
布（反面）

1 攤開滾邊條的摺痕，將滾邊條對齊布料的邊緣，在摺痕上面車縫。

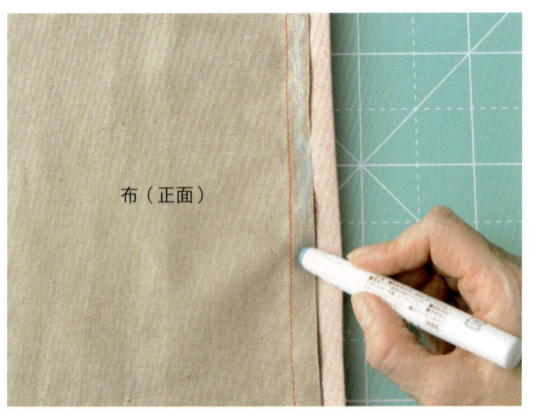

布（正面）

2 把布翻到正面，用布用口紅膠（請參考P.43）塗在布的邊緣，用滾邊條蓋住步驟1的縫線。

（反面）
（正面）

布（正面）
滾邊條（正面）

3 從正面車縫滾邊條的邊緣。

KURAI・MUKI Point
先車縫一遍會比較安心

如步驟1所示，先把滾邊條縫合在布的反面，在摺好滾邊條之後，從正面車縫邊緣的時候就會比較容易車縫，可以車出漂亮的縫線。

推薦的用品

購買現成的滾邊條

市面上可買到各式各樣的滾邊條，有不同的寬度與材質，圖案也十分豐富。如果不一定要使用完全相同的布料，直接購買市售商品會比較方便，也能成為設計的重點。

●用滾邊條處理縫份

常見於處理領圍或袖襱的布邊。用滾邊條縫合在反面，正面不會看到滾邊條的縫合線，外觀更加整齊俐落。和包邊不同，不是包覆住布邊，而是縫合在反面。

1 攤開滾邊條的摺痕，把滾邊條的摺痕對齊完成線，在摺痕上面車縫（標註★的位置）。

2 把布翻到反面，在縫線處將滾邊條向反面的方向摺。用熨斗整燙，從布料正面看不到滾邊條。

3 從滾邊條的正面車縫邊緣。

第4章 服裝各部位的縫製技巧

滾邊條

KURAI・MUKI Point
在曲線部位車縫滾邊條

以斜紋方向裁下的布，因為具有良好的彈性和延展性，容易沿著弧度貼合，因此適用於領圍或是袖襱等曲線部位的收邊處理。另外，在安裝暗扣等部位，有時也會在門襟的反面縫上滾邊條，以增加布料的穩定性。

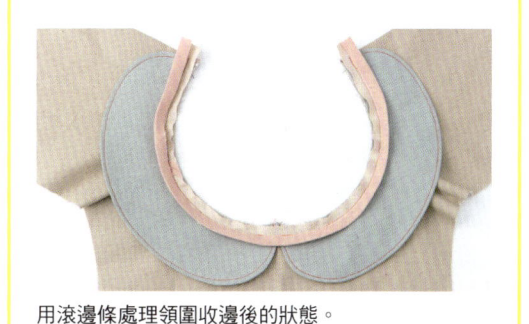

用滾邊條處理領圍收邊後的狀態。

129

開扣眼

「開扣眼」是指在衣物上做出一個可將扣子穿過的孔洞。製作扣眼的方法因縫紉機的機種而異，現在大部分的縫紉機只要使用專用壓布腳即可自動完成。市面上可購得「一步驟開扣眼」和「四步驟開扣眼」兩款壓布腳。

●縫好的扣眼如何剪開

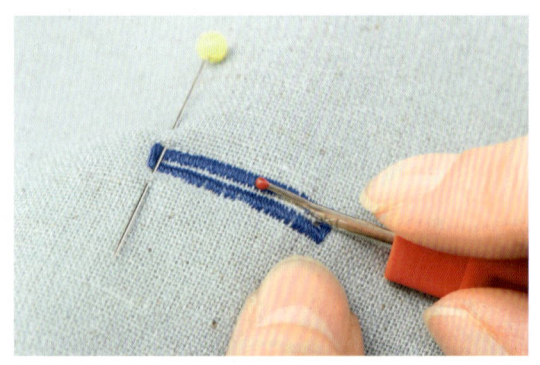

在扣眼的其中一端插上珠針，用拆線器小心把布割開。

如果珠針插在扣眼的外側，可能會不小心割破好不容易縫好的扣眼，因此珠針要插在扣眼的內側。

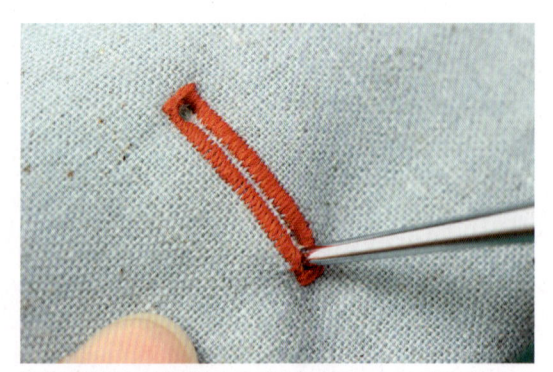

為了避免拆線器把扣眼割過頭，可以先用錐子在扣眼的兩端打洞。

【如何測量扣眼的大小】

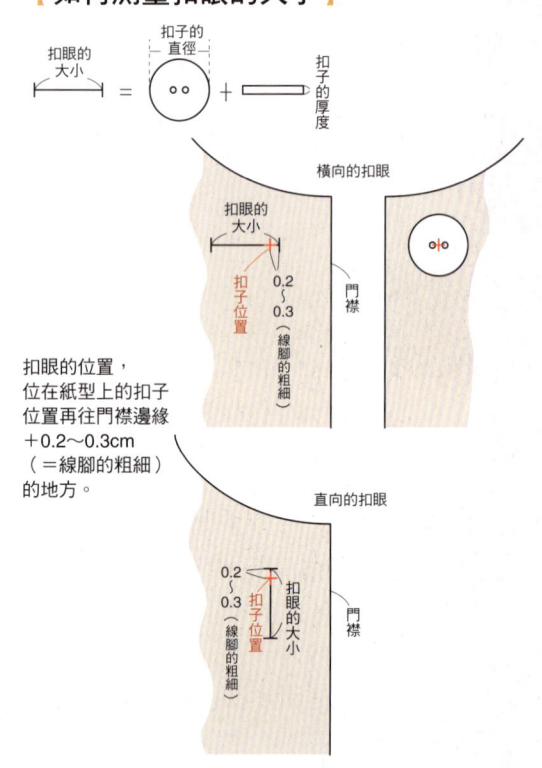

扣眼的大小 ＝ 扣子的直徑 ＋ 扣子的厚度

橫向的扣眼

扣眼的位置，位在紙型上的扣子位置再往門襟邊緣 ＋0.2～0.3cm（＝線腳的粗細）的地方。

直向的扣眼

老師，我有疑問！

如何測量扣眼的位置？

A 比紙型上的扣子位置再往門襟側移動一點點。

為了讓扣子的中心剛好扣進扣洞，扣眼要開在紙型上前身布的扣子位置再往門襟邊緣方向多0.2～0.3cm（此為線腳的粗細）的地方。如果是製作直向的扣眼，則是開在比扣子位置再往上多0.2～0.3cm處。

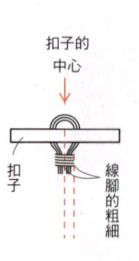

第 5 章

手縫針・線、
鈕扣、藏針縫・收尾

前面介紹了許多關於縫紉機的知識，
但要完成作品，手縫技術也是不可或缺的。
無論是安裝扣子，或是使用藏針縫來處理裙子與褲子的下襬，
都需要使用手縫針和縫線。
因此，這一章讓我們來了解手縫的基本技巧。

手縫針・線

車縫完成後，有些細節只能仰賴手縫。例如縫鈕扣，或是使用藏針縫來處理裙子和褲子的下襬。以下介紹手縫的基本步驟。

●針和線

【手縫針】

手縫針有各種粗細和長度。縫厚布的時候，因為要在針上施力，所以要用粗針；縫薄布的時候，為了避免針的痕跡殘留，要用細針。至於針的長度，就選自己使用順手的即可。

【手縫線】

雖然市售產品中有分「手縫線」和「機縫線」，但也可以將機縫線用來手縫。縫鈕扣時建議選擇粗又耐用的20～30號，也能在縫厚布料時使用。

●始縫結

【用手指打結】

把線頭在食指上繞1圈。

一邊扭轉線，一邊把食指從線圈中拔出來。

用拇指和食指捏住線圈的上側，像用搓的一樣，往線的尾端拉緊。

【用針打結】

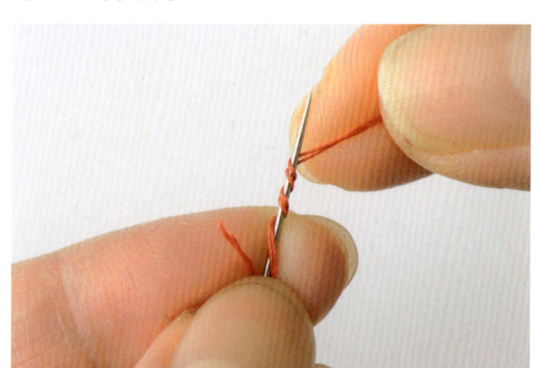

1 手縫線穿針後，把要打結的部分在針上面繞3圈。

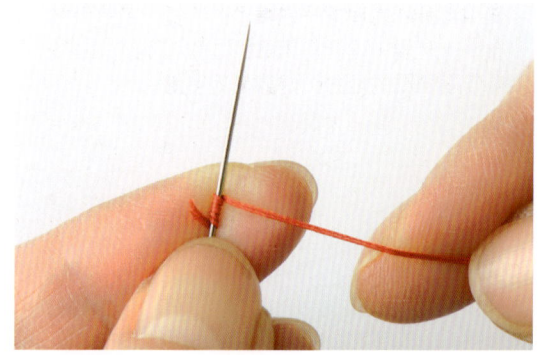

2 把步驟1繞好的線，靠在指尖上往針孔那一側拉。

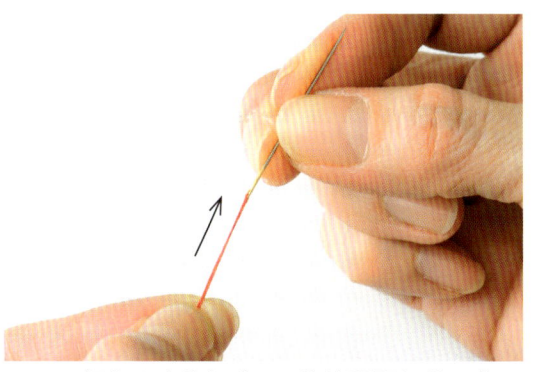

3 用拇指和食指把步驟2的線緊緊捏著，像用搓的一樣，從針上面抽離，一直拉到線的尾端為止。

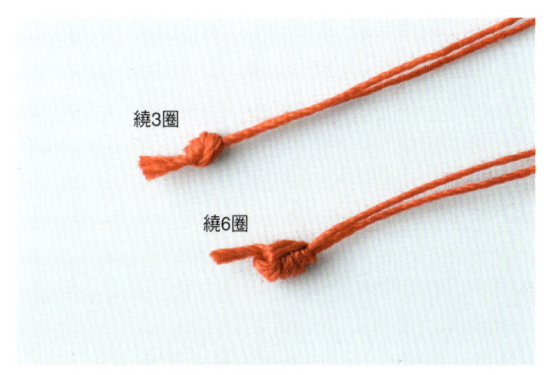

繞3圈

繞6圈

4 在線的尾端打好始縫結。

※照片上方，是在針上面把線繞3圈所完成的始縫結。照片下方，則是在針上面把線繞6圈所完成的始縫結。布紋較粗的布，要增加在針上繞的圈數，使用大一點的始縫結。

KURAI・MUKI Point

穿單線或是穿雙線

使用藏針縫處理裙子或褲子的下襬，或是縫薄布料的時候，建議使用單線；縫扣子或需要縫得牢固一點的地方，建議使用雙線。

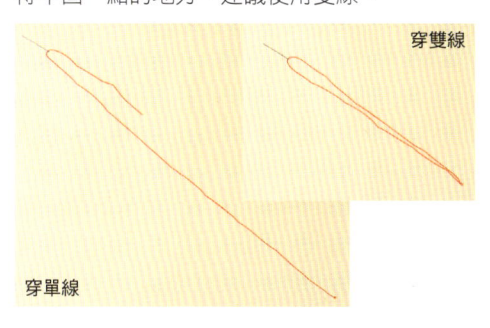

穿雙線

穿單線

●收尾結

結束縫紉作業時需打上收尾結，防止縫線鬆脫。

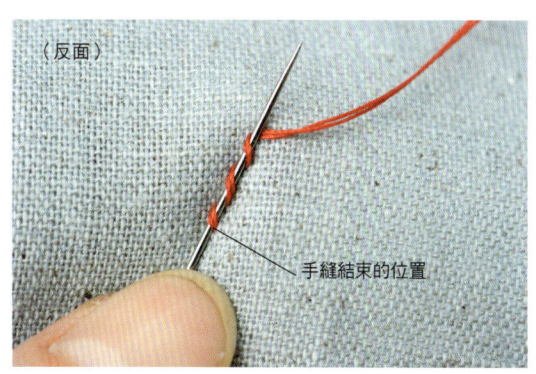

〈反面〉

手縫結束的位置

1 手縫完成後，把針貼在最後一針抽出的位置上，把線繞3圈。

2 把在步驟1繞的線推在一起，用拇指和食指緊緊壓住，抽出針。

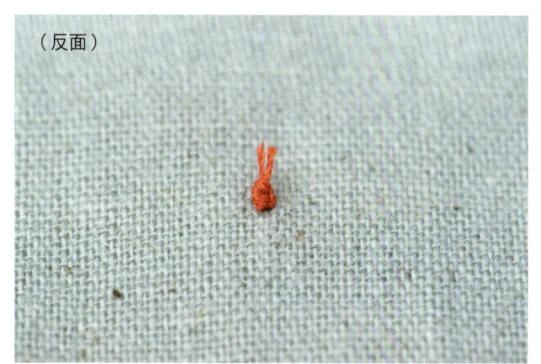

〈反面〉

3 在線尾端完成收尾結。和始縫結一樣，如果使用布紋較粗的布，要增加在針上繞的圈數，使用大一點的收尾結。

第5章 手縫針・線、鈕扣、藏針縫・收尾

手縫針・線

133

安裝鈕扣

扣子因為要頻繁地扣上和解開,為了避免很快就脫落,牢牢縫好是很重要的。最常見的四孔扣、雙孔扣,需根據布的厚度做出「線腳」,比較容易固定鈕扣,使用起來也比較順手。

●四孔扣・雙孔扣

四孔扣的固定處比雙孔扣多,但兩者的安裝方式大致上相同。

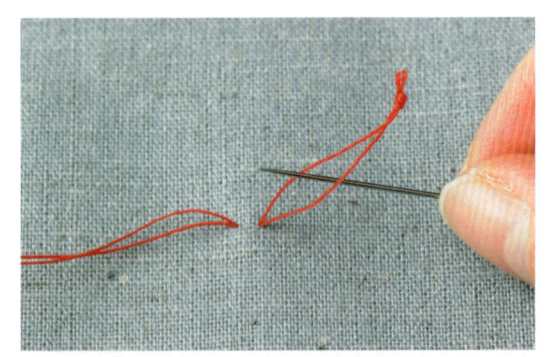

1 縫線穿針後,把兩端的線尾併在一起打始縫結(雙線縫)。從正面要安裝扣子的位置挑布拉線,把針插入線尾端的圈裡,拉線。

2 把拉出來的線穿過扣子的兩個孔,在始縫結的附近下針。

3 把線從扣子的一個孔穿出後拉線,把扣子對齊要安裝扣子的布面,再從另一邊的扣孔下針,往下拉線。

4 把針從安裝扣子的位置的正面穿出來,此時針在扣子與布面之間。稍微提高扣子,做出間隙。這個間隙就是線腳。

線腳

5 在線腳上繞線2〜3圈。

第 5 章　手縫針・線、鈕扣、藏針縫・收尾

安裝鈕扣

6 如上圖，在扣子的周圍繞線結束後，把針穿入線圈中拉過去。

7 把針刺入線腳，線拉緊。

8 在針穿出來的地方打收尾結。

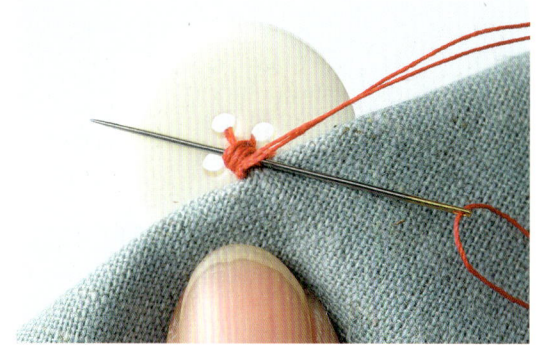

收尾結

9 再次把針刺入線腳後拉出，從根部剪線。

老師，我有疑問！

為什麼要做出「線腳」？

A 線腳可以讓拆裝鈕扣更順手。

線腳是指鈕扣和布料之間的線，線腳創造出一個間隙，讓鈕扣不會陷進布裡，扣上和解開扣子會比較容易。線腳的長度與布料的厚度相關，如果是薄布料，大約需要0.3cm；如果是厚布料，大約需要0.8cm。

○ 扣子／線腳／布料

✗ 扣子／布料
沒有線腳，
扣子很難扣上和解開。

135

●立腳扣

扣子背面有稱為「扣腳」的穿線孔，又稱為「單腳鈕扣」或「香菇扣」。多使用在毛料大衣或學生制服外套等布料較厚重的衣服。

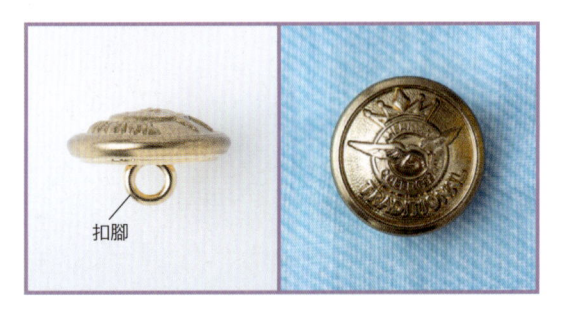

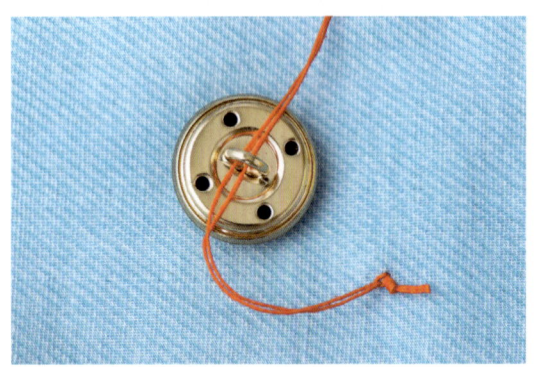

扣腳

1 和P.134的步驟1一樣挑布入針，把線穿過扣子的孔。

2 在始縫結的附近下針，再次把線穿入扣子的孔，重覆2～3次，同P.135的步驟6～9，然後從根部剪線。因為立腳扣本身就有高度，所以不需做出線腳。

●暗扣

暗扣是由凹、凸兩個配件扣在一起的扣子。一般來說，凸扣會縫在上面固定，下方被扣合的是凹扣。兩邊的縫製方法完全相同，以下用縫製凹扣來解說。

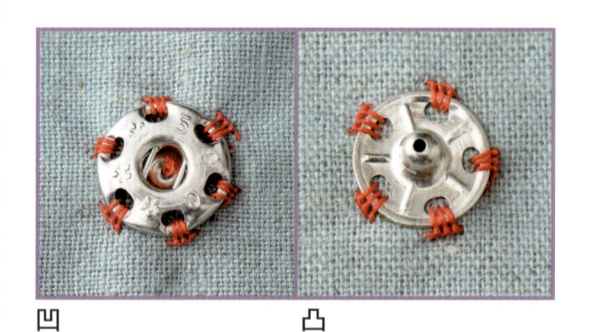

凹　　　　　凸

《正面》

1 縫線穿針後，單邊線的尾端打始縫結（單線縫）。從正面要安裝扣子的位置挑布入針，把線拉緊。

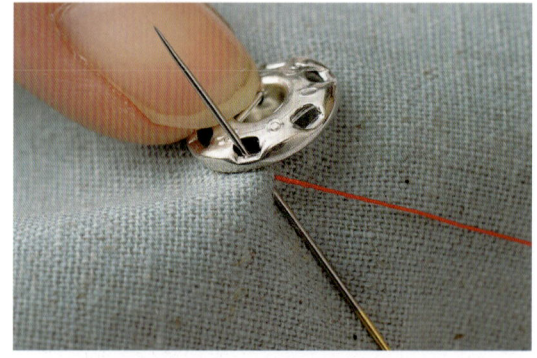

2 在要安裝暗扣的位置把暗扣貼在布面上，挑起扣孔附近的布，從扣孔的下方由下往上將針穿出。

3 把縫線拉出並繞成如上圖的線圈,把針穿過線圈後拉緊。

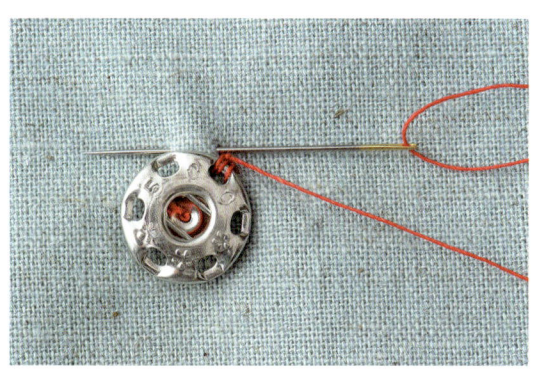

4 在同一個扣孔重覆步驟2〜3的動作三次。完成後,在下一個扣孔的附近出針,其餘的扣孔也用相同的方式縫好。

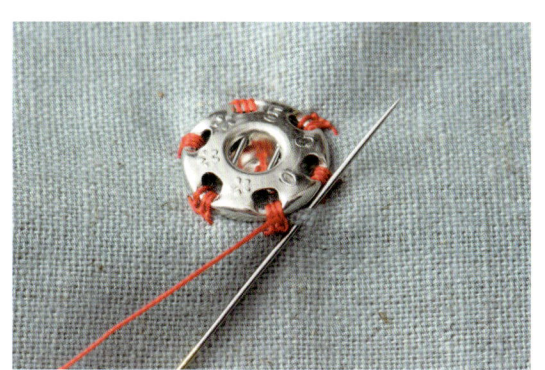

5 所有的扣孔都縫好後,最後在暗扣的旁邊挑起1針。

6 打收尾結。

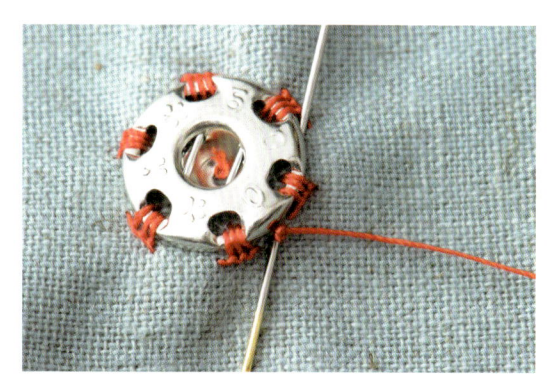

7 在暗扣的內側挑起一點點布料,把收尾結藏在裡面,從根部剪線。

●裙鉤

縫製方法和暗扣大致上相同。但裙鉤的扣孔較大,需配合裙鉤的扣孔大小,來增加線穿入扣孔的次數。

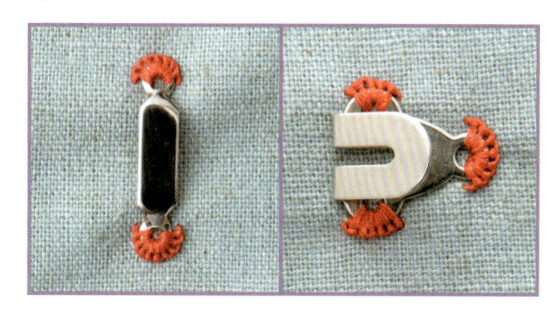

藏針縫・收尾

在處理裙子或褲子的下襬時，使用藏針縫會讓正面的縫線不明顯，增加作品的美觀與專業感。對針縫則是用於關閉穿繩的返口或是縫線脫落時，從正面幾乎看不到縫線。習慣用左手的人，請將以下的說明左右對調。

●斜針縫

最基礎的藏針縫法，經常用在裙子或褲子的下襬。手縫時，線的長度以60～80cm為基準。

（反面）
摺線

布料兩摺邊處理後，從摺線裡側出針並拉出縫線，在往前約0.5cm的位置挑起布料的1～2股紗，再次從摺線下針。反覆這個動作。

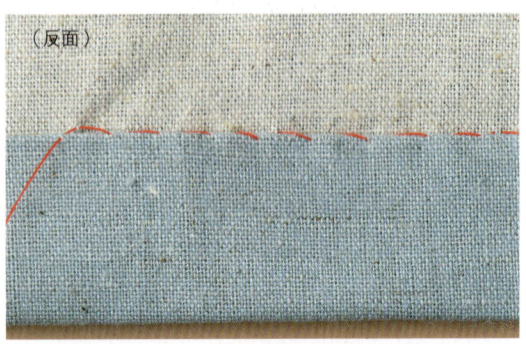

（反面）

（正面）

從正面看的狀態。

●立針縫

將縫線立起來的垂直縫法，經常用在縫合布偶、滾邊條等接合不同布料的情況。

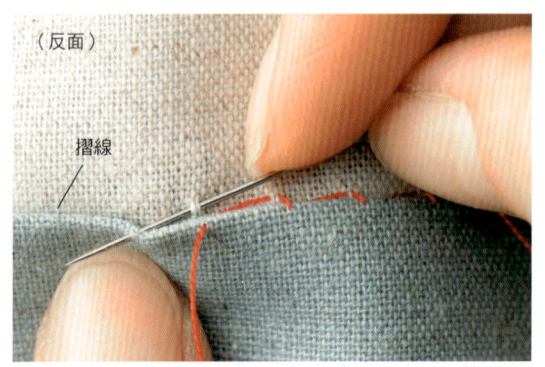

（反面）
摺線

布料兩摺邊處理後，從摺線裡側出針並拉出縫線，再把針垂直上移，挑起布料的1～2股紗，再次從摺線下針。反覆這個動作。

（反面）

（正面）

從正面看的狀態。

●千鳥縫

縫線呈相互交叉，經常用在容易脫線的布料下襬收邊。方向是從左往右縫。

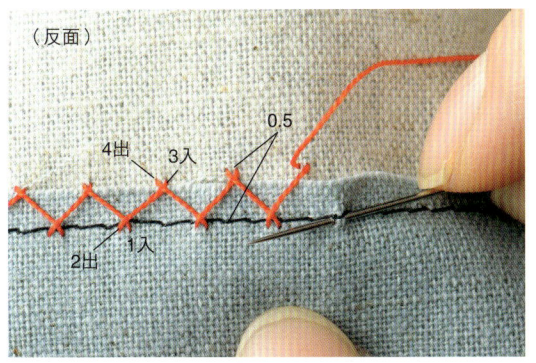

（反面）

4出　3入　0.5
2出　1入

從距離布邊約0.5cm處用縫紉機車縫一道。在此縫線的反面出針，往右0.5cm的位置，挑起布料的1～2股紗，再往右移動0.5cm，在縫線位置挑起1～2股紗。反覆這個動作。

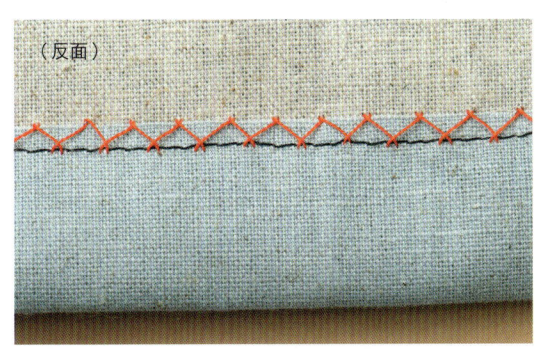

（反面）

（正面）

從正面看的狀態。

生活中的縫縫補補

如何處理下襬

以下介紹如何將裙子或褲子的下襬往上收整齊，以及調整長度的方法。首先，先決定好下襬要往上收的長度，記得要加上縫份，然後裁剪下襬。用這個方法收尾，褲子至少要預留7～8cm，裙子至少要預留4～5cm。

1 先用縫紉機在距離下襬0.5cm的內側位置車縫一整圈，在要往上摺的位置，用熨斗燙平反面的那一側摺痕。

0.5

2 以步驟1的縫線為基準線，以手縫的方式縫千鳥縫（請參考左側欄位）。要注意每一針只挑起布料的1～2股紗，縫線才不會太明顯。

第5章 手縫針・線、鈕扣・藏針縫・收尾

藏針縫・收尾

139

●星止縫

在裙子或褲子的下襬往上收時使用。縫線隱藏在縫份的內側,不容易脫線。

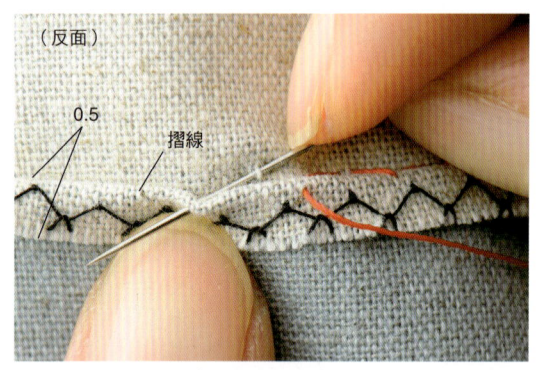

布的邊緣先用鋸齒縫做收邊處理。在完成線上對折,再把布邊往自己的方向摺0.5cm,在布料內側縫星止縫。和斜針縫一樣,每一針都只挑起布料的1～2股紗。

從正面看的狀態。

●對針縫

正面幾乎看不到縫線的手縫法。常見於縫合包包的返口,以ㄇ字形對針的方式縫合。縫合結束後,正面幾乎看不到縫線。

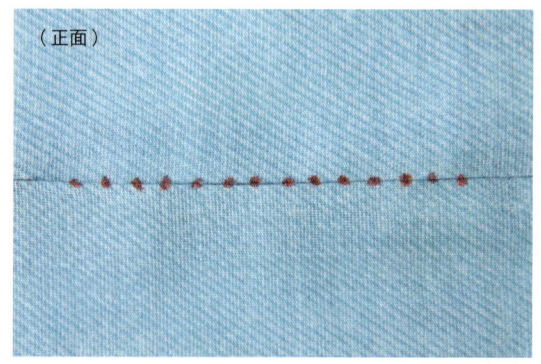

1 把要收尾的位置對齊,然後用記號筆在每隔5mm的位置做記號。

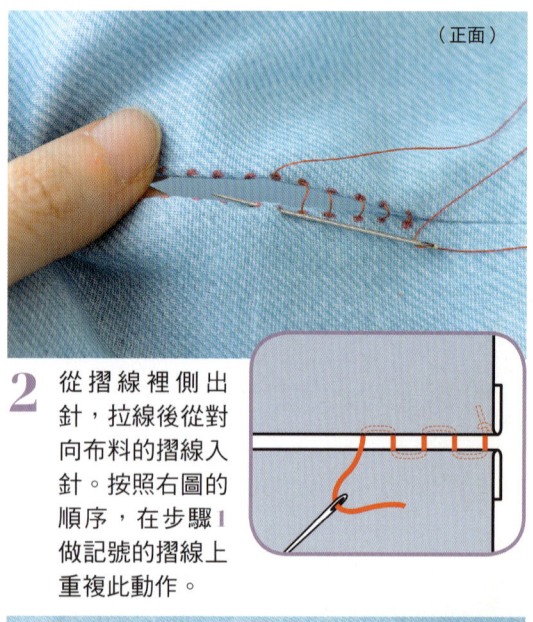

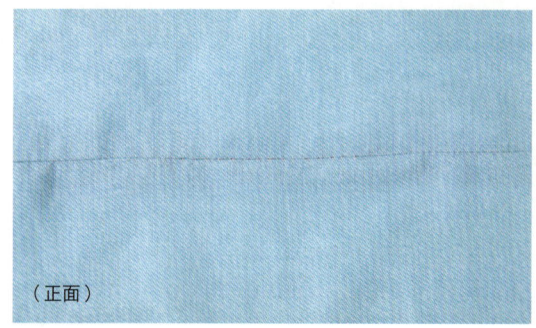

2 從摺線裡側出針,拉線後從對向布料的摺線入針。按照右圖的順序,在步驟1做記號的摺線上重複此動作。

從正面看的狀態。

第 6 章

製作實用生活小物

學習了裁縫基本知識後，可以開始動手做作品了！
本章介紹即使是初學者也能輕鬆完成的作品，
這些作品主要使用直線車縫，讓新手成就感滿滿！
請按照分版圖的尺寸製作紙型、裁剪布料，
然後開始你的創作之旅吧！

ITEM 01

直線裁剪、直線車縫就能完成
環保購物袋

縫紉機初學者也能輕鬆完成的環保購物袋。**a**款式使用尼龍布料，內側附有口袋。**b**款式是使用一條日式手拭巾（註）就能製作的小型款。做好之後馬上就能使用，這就是手作的樂趣。

註：「手拭巾」是一種傳統日式毛巾。質感平滑，有別於一般毛巾布。用途包羅萬象，不僅可用來擦拭雙手或身體，也可以當成頭巾或圍裙等等。台灣可在網路商店購得。

a款式可折疊成口袋狀，收納起來十分輕巧。

142

環保購物袋

【材料】

a 布…尼龍布　90×120cm

b 布…日式手拭巾（寬34×長90cm的平織棉布）

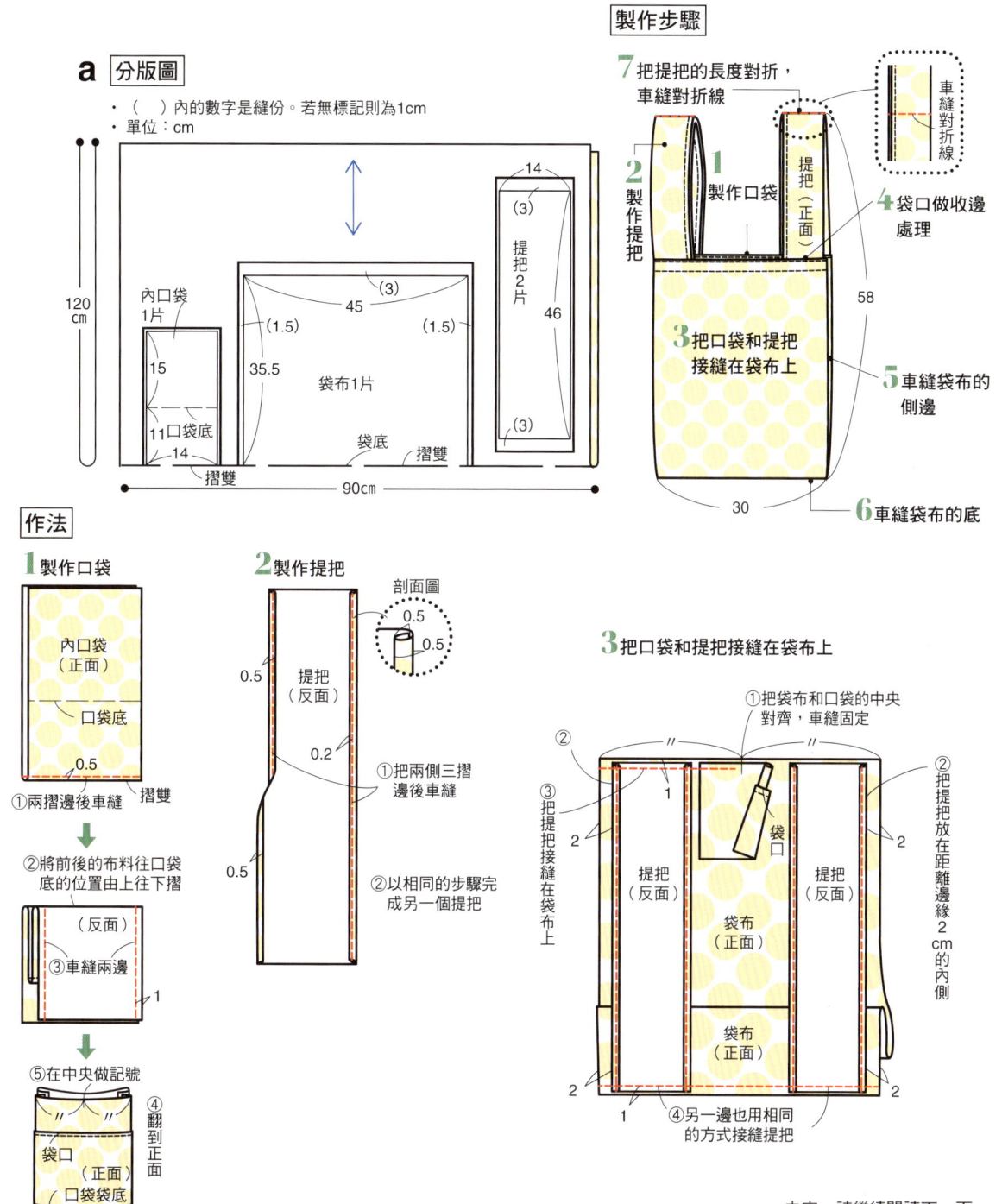

a 分版圖

- （　）內的數字是縫份。若無標記則為1cm
- 單位：cm

120cm

內口袋 1片
15
11 口袋底
14

袋布1片
(3)
45
(1.5)　(1.5)
35.5
袋底　摺雙
摺雙
90cm

提把2片
14
(3)
46
(3)

製作步驟

7 把提把的長度對折，車縫對折線

車縫對折線

1 製作口袋
2 製作提把
提把（正面）
4 袋口做收邊處理
3 把口袋和提把接縫在袋布上
5 車縫袋布的側邊
58
30
6 車縫袋布的底

作法

1 製作口袋

內口袋（正面）
口袋底
0.5
①兩摺邊後車縫　摺雙

②將前後的布料往口袋底的位置由上往下摺

（反面）
③車縫兩邊
1

⑤在中央做記號
④翻到正面
袋口（正面）
口袋袋底

2 製作提把

剖面圖
0.5
0.5

0.5
提把（反面）
0.2

0.5

①把兩側三摺邊後車縫

②以相同的步驟完成另一個提把

3 把口袋和提把接縫在袋布上

①把袋布和口袋的中央對齊，車縫固定

②把提把放在距離邊緣2cm的內側

③把提把接縫在袋布上

②　2
2
提把（反面）
袋口
袋布（正面）
提把（反面）

袋布（正面）

2　　2
1
④另一邊也用相同的方式接縫提把

未完，請繼續閱讀下一頁→

143

4 袋口做收邊處理

① 正面相對對折
② 袋口和提把疊在一起，做三摺邊處理，車縫
0.2
0.2
內口袋（正面）
袋布（反面）
提把（反面）
相同的方式車縫兩條線。另一邊也用

5 車縫袋布的側邊

提把（正面）
0.5　袋布（正面）　0.5
① 翻到正面，在袋底的位置對折
② 從正面車縫兩個側邊

提把（反面）
1　內口袋（正面）　1
0.5
袋布（反面）
③ 翻到反面，也從反面車縫兩個側邊

---

b 分版圖

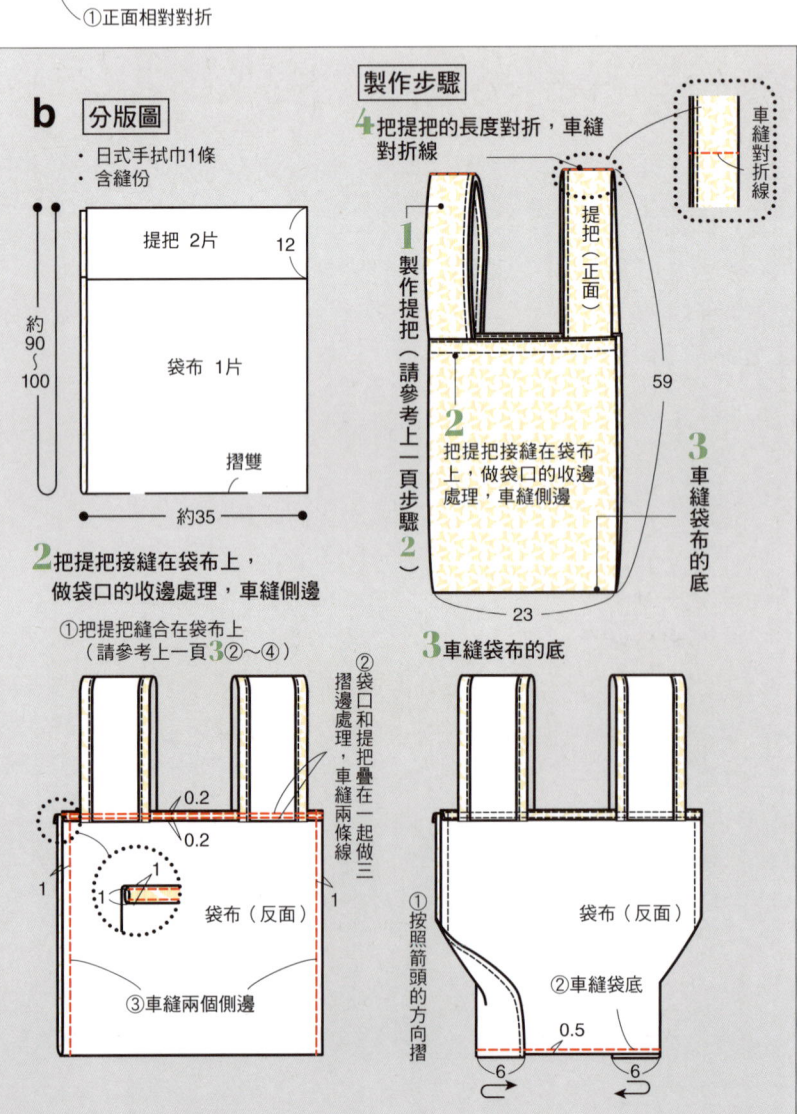

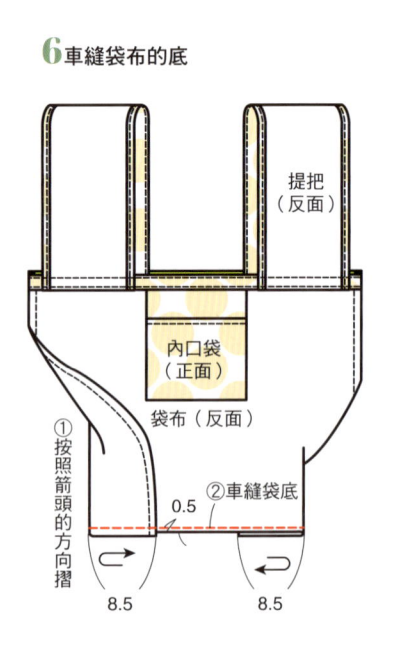

- 日式手拭巾1條
- 含縫份

約90～100

提把 2片　12
袋布 1片
摺雙
約35

製作步驟

1 製作提把（請參考上一頁步驟）

車縫對折線

4 把提把的長度對折，車縫對折線

2 把提把接縫在袋布上，做袋口的收邊處理，車縫側邊

59

23

2 把提把接縫在袋布上，做袋口的收邊處理，車縫側邊

① 把提把縫合在袋布上（請參考上一頁3②～④）
② 袋口和提把疊在一起做三摺邊處理，車縫兩條線
0.2
0.2
1　袋布（反面）　1
③ 車縫兩個側邊

3 車縫袋布的底

① 按照箭頭的方向摺
② 車縫袋底
0.5
←6　袋布（反面）　6→

6 車縫袋布的底

提把（反面）
內口袋（正面）
袋布（反面）
① 按照箭頭的方向摺
② 車縫袋底
0.5
←8.5　　8.5→

第 6 章　製作實用生活小物

02 拉鍊化妝包三件組

a　b　c

ITEM 02

活用剩餘的碎布即可製作
拉鍊化妝包三件組

用少量的剩布就能做，在日常生活中十分實用的便利隨身小包三件組。a是只有底部有厚度的款式，b和c則是盒子狀的立方體小包。c的尺寸小巧，方便存放印章或護唇膏等小物。

款式c是當口紅盒也剛剛好的尺寸。

145

拉鍊化妝包三件組

【材料】

a（薄型隨身小包）
布…11號帆布 50×20cm
滾邊條…包邊型
寬10mm×70cm
拉鍊…長20cm的1條
布用雙面膠

b（盒狀立方體小包）
布…11號帆布 35×40cm
滾邊條…包邊型
寬10mm×80cm
拉鍊…長25cm的1條
布用雙面膠

c（印章盒）
布…11號帆布 18×15cm
滾邊條…包邊型
寬10mm×20cm
拉鍊…長10cm的1條
布用雙面膠

※如果從布開始製作滾邊條，要做成3.5cm寬（請參考P.126）。

a（薄型隨身小包）

分版圖

- 縫份：1cm
- 單位：cm

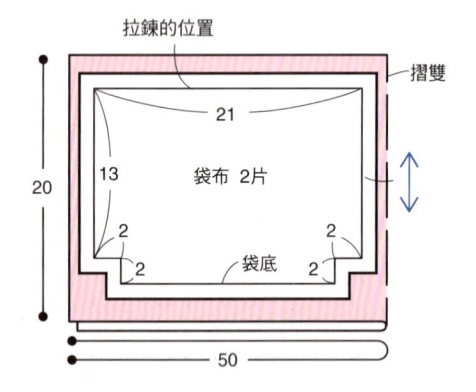

拉鍊的位置
摺雙
21
13
袋布 2片
20
2　　2
2　　2
袋底
50

製作步驟

1 把拉鍊縫合在袋布上（請參考右頁的步驟2）

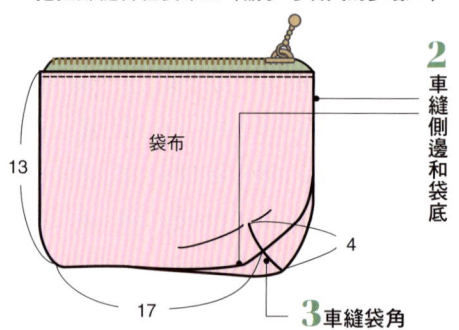

2 車縫側邊和袋底

袋布
13
17
4

3 車縫袋角

作法

2 車縫側邊和袋底

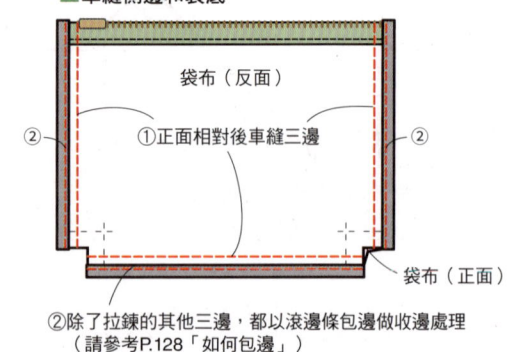

袋布（反面）
②　　　②
①正面相對後車縫三邊
袋布（正面）

②除了拉鍊的其他三邊，都以滾邊條包邊做收邊處理
（請參考P.128「如何包邊」）

3 車縫袋角

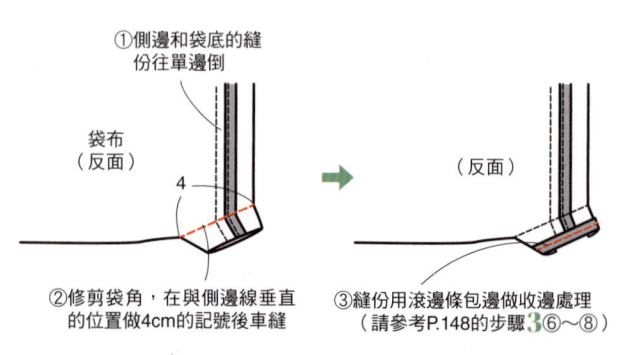

①側邊和袋底的縫份往單邊倒
袋布（反面）
4
（反面）

②修剪袋角，在與側邊線垂直的位置做4cm的記號後車縫

③縫份用滾邊條包邊做收邊處理
（請參考P.148的步驟3⑥～⑧）

b（盒狀立方體小包）

分版圖

- （ ）內的數字是縫份。若無標記則為1cm
- 單位：cm

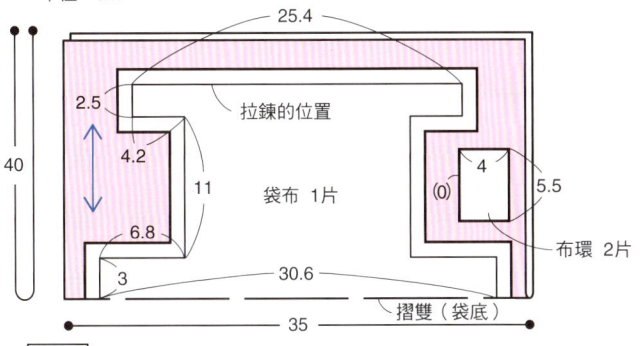

袋布 1片
- 25.4
- 2.5
- 4.2
- 11
- 6.8
- 3
- 30.6
- 35
- 40
- 拉鍊的位置
- 摺雙（袋底）

布環 2片
- 4
- (0)
- 5.5

製作步驟

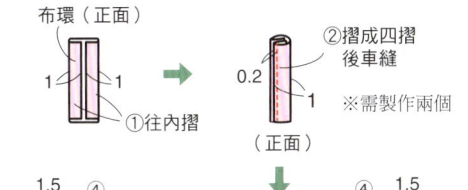

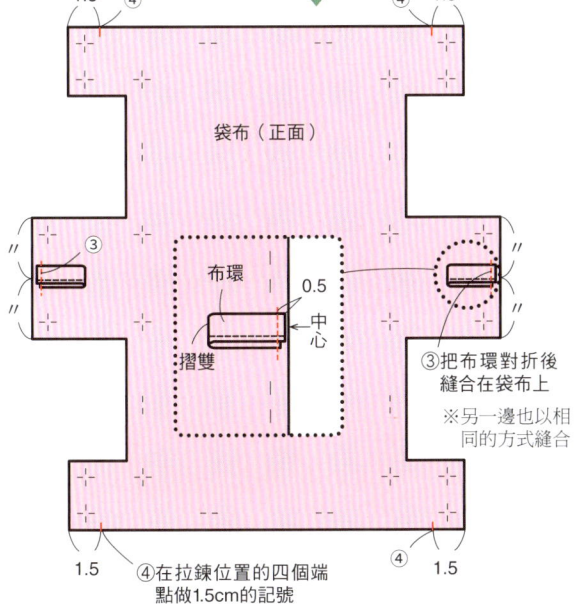

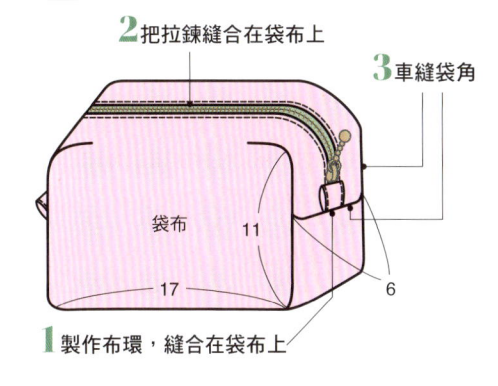

1. 製作布環，縫合在袋布上
2. 把拉鍊縫合在袋布上
3. 車縫袋角

袋布
- 17
- 11
- 6

作法

1 製作布環，縫合在袋布上

布環（正面）
- ①往內摺
- 1, 1

②摺成四摺後車縫
- 0.2, 1
- （正面）

※需製作兩個

袋布（正面）
- 布環
- 摺雙
- 中心
- 0.5
- 1.5, 4

③把布環對折後縫合在袋布上

※另一邊也以相同的方式縫合

④在拉鍊位置的四個端點做1.5cm的記號

2 把拉鍊縫合在袋布上

P.122有照片解說

①在拉鍊（正面）的布帶兩側貼上0.5cm寬的布用雙面膠

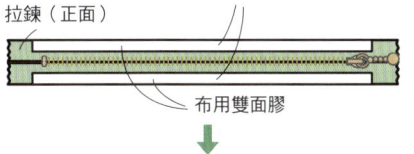

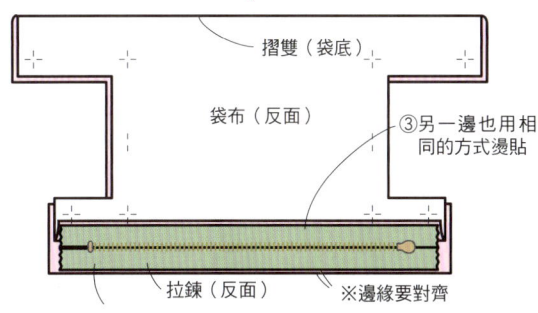

拉鍊（正面）

布用雙面膠

摺雙（袋底）

袋布（反面）

③另一邊也用相同的方式燙貼

拉鍊（反面）

※邊緣要對齊

②拉鍊和袋布的正面相對疊合，把拉鍊上止的邊端對齊袋布的記號，撕掉布用雙面膠的隔離紙，用熨斗燙貼

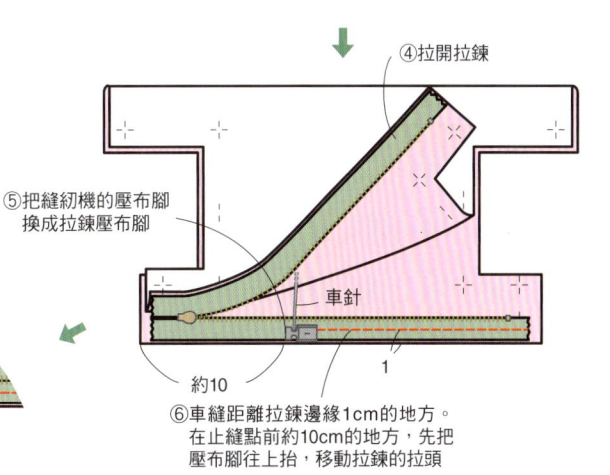

④拉開拉鍊

⑤把縫紉機的壓布腳換成拉鍊壓布腳

車針

約10, 1

⑥車縫距離拉鍊邊緣1cm的地方。在止縫點前約10cm的地方，先把壓布腳往上抬，移動拉鍊的拉頭

⑦放下壓布腳，車縫拉鍊直到底端

未完，請繼續閱讀下一頁→

第6章 製作實用生活小物

02 拉鍊化妝包三件組

147

⑧另一邊拉鍊的車縫方法，同步驟④～⑦

袋布（反面）

⑨翻到正面，車縫袋口

袋布（正面）

0.2
0.2
⑨

3 車縫袋角

①把拉鍊兩側的袋角，正面對正面相疊後車縫

袋布（反面）

布環　布環

滾邊條（反面）

（反面）

把邊緣對齊

②把滾邊條正面與袋部的正面相疊，在滾邊條的摺線上車縫

滾邊條（正面）

③滾邊條往內摺起來後車縫

⑤把側邊的袋角疊起來，正面對正面相疊後車縫

11

袋布（反面）

※拉鍊先拉開一半左右

④把步驟③的縫份往袋底的方向倒

⑥△和▲、□和■、○和●也用相同的方式車縫

⑦把滾邊條正面與袋部的正面相疊，在滾邊條的摺線上車縫

把邊緣對齊

1

兩端修剪至留下1cm

袋布（反面）

⑧往內摺起來後車縫

袋布（反面）

邊端往前摺之後車縫

袋布（反面）

⑨

袋布（反面）

⑨

⑨其他三邊也用滾邊條做包邊處理

C（印章盒）

分版圖

- 縫份：1cm
- 單位：cm

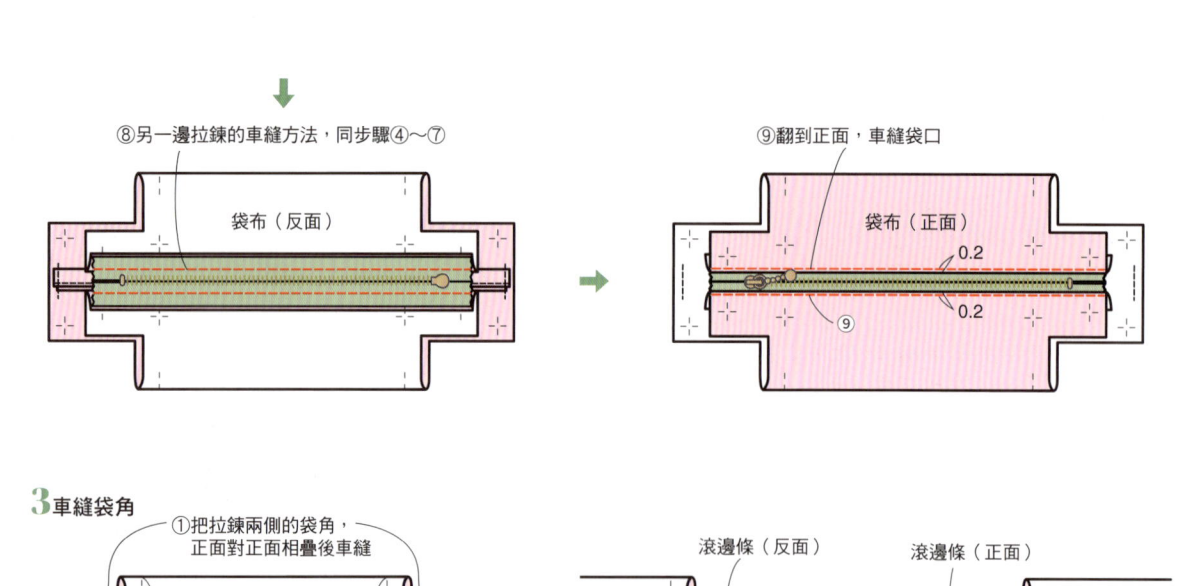

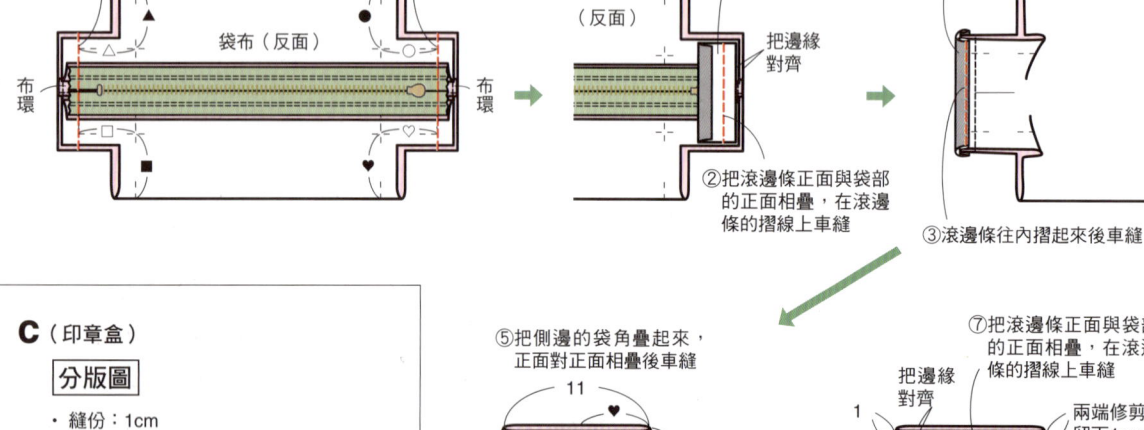

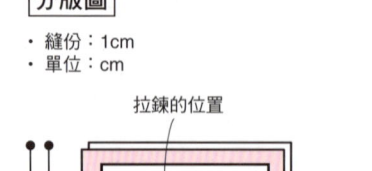

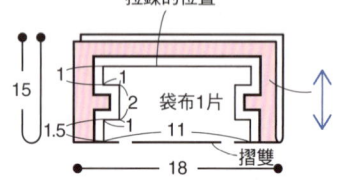

拉鍊的位置

15　1　1
　　　2　袋布1片
1.5　1　11
　　　18　摺雙

製作步驟

1 把拉鍊縫合在袋布上
（請參考P.147的步驟**2**）

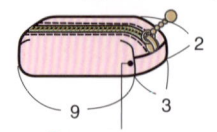

2　9　3

2 車縫袋角
（請參考本頁上方的步驟**3**）

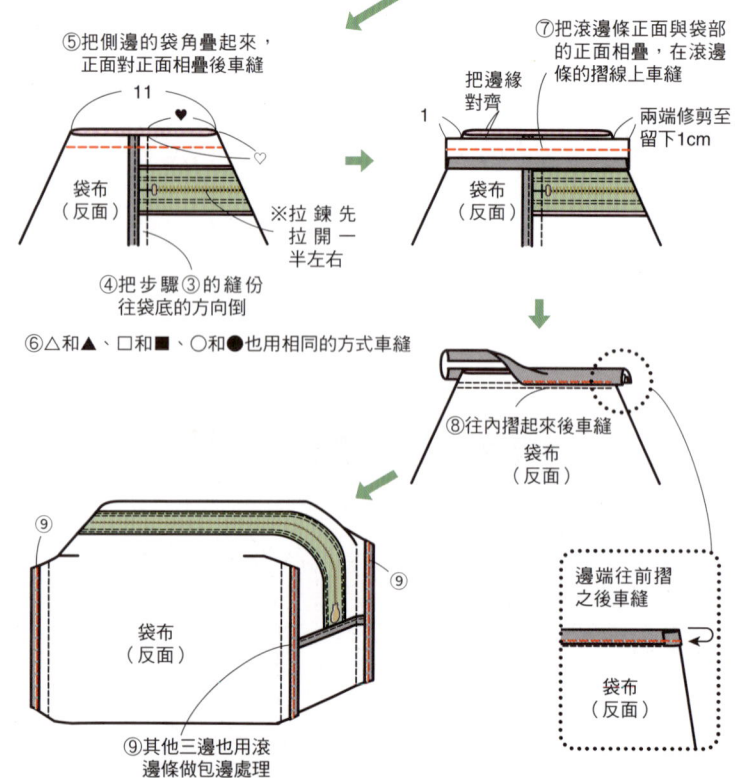

148

ITEM 03

直接使用原布幅寬
簡約感圓裙

這件圓裙直接使用現成布料的布幅寬,直線剪裁、直線車縫就能完成。大人款(a)使用110cm幅寬的布,兒童款(b)則是用90cm幅寬的布製成。腰間穿入鬆緊帶的設計,穿起來十分舒適。

第6章 製作實用生活小物

03 簡約感圓裙

a 大人款

b 兒童款

只要有想要的裙長＋30cm的布料就能製作。照片中的裙長為80cm。

長度改短一點即是兒童款圓裙。只要改變裙子和鬆緊帶的長度,可自由變化出各種尺寸。照片中的裙長為36cm（建議身高110cm）。

簡約感圓裙

【材料】

大人款：裙長80cm
布…牛津布 幅寬110cm×190cm
鬆緊帶…寬3cm×70cm
・鬆緊帶長度＝腰圍＋1.5cm

兒童款：裙長36cm（建議身高110cm）
布…被單印花布 幅寬90cm×100cm
鬆緊帶…寬1.5cm×50cm
・鬆緊帶長度＝腰圍＋1.5cm

※這裡使用了全部的幅寬，連布邊都包括。如果要改變裙長或使用不同幅寬的布料，脇邊的縫份要用鋸齒縫或拷克機先做收邊處理。

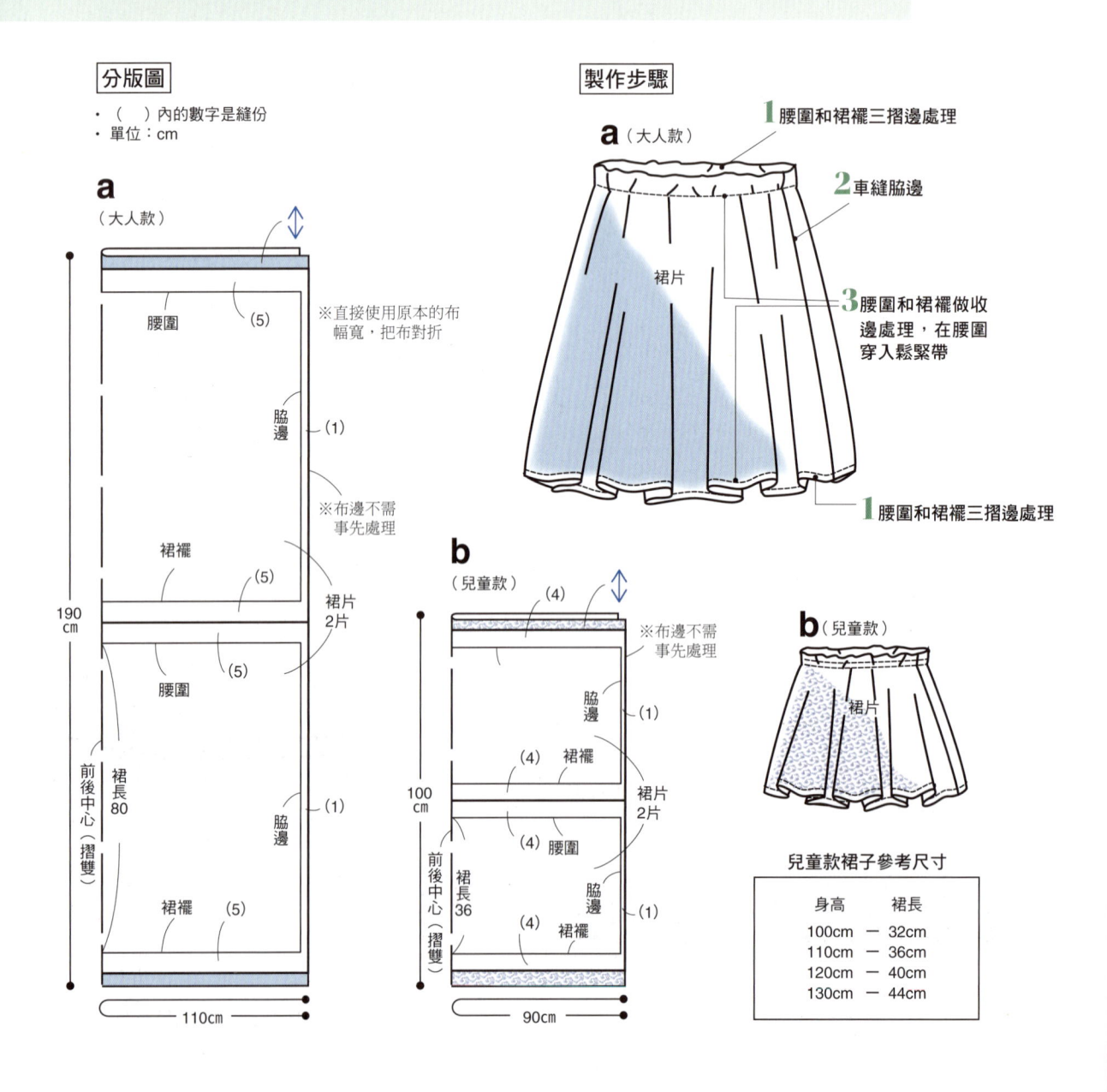

分版圖

・（ ）內的數字是縫份
・單位：cm

a（大人款）

- 腰圍 (5)
- 脇邊 (1)
- 裙襬 (5)
- 裙片2片
- ※直接使用原本的布幅寬，把布對折
- ※布邊不需事先處理
- 腰圍 (5)
- 裙長80 前後中心（摺雙）
- 脇邊 (1)
- 裙襬 (5)
- 190cm
- 110cm

b（兒童款）

- (4)
- ※布邊不需事先處理
- 脇邊 (1)
- 裙襬 (4)
- 裙片2片
- 腰圍 (4)
- 脇邊 (1)
- 裙襬 (4)
- 裙長36 前後中心（摺雙）
- 100cm
- 90cm

製作步驟

a（大人款）

1. 腰圍和裙襬三摺邊處理
2. 車縫脇邊
3. 腰圍和裙襬做收邊處理，在腰圍穿入鬆緊帶

裙片

b（兒童款）

1. 腰圍和裙襬三摺邊處理

裙片

兒童款裙子參考尺寸

身高	裙長
100cm	－ 32cm
110cm	－ 36cm
120cm	－ 40cm
130cm	－ 44cm

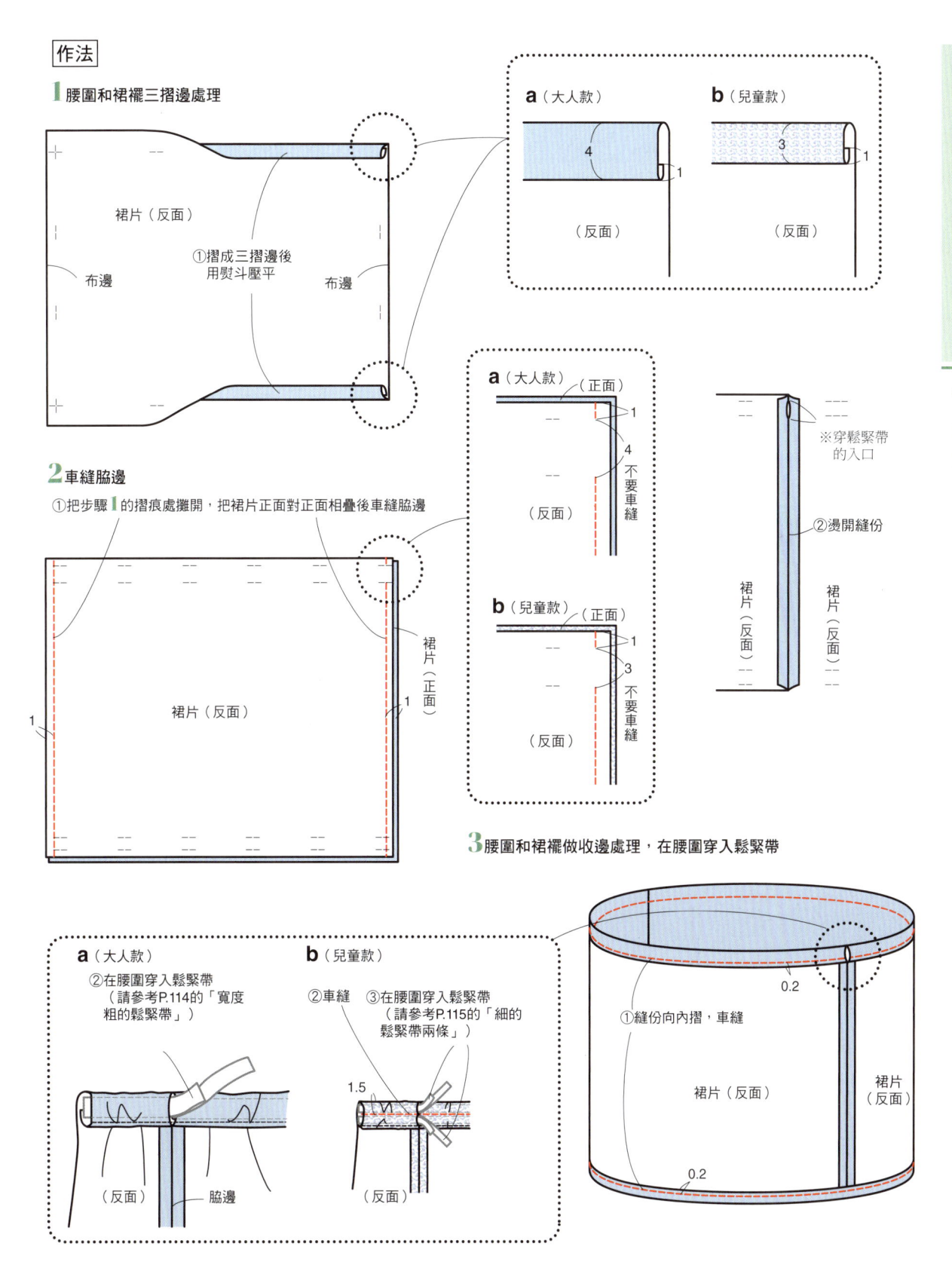

作法

1 腰圍和裙襬三摺邊處理

裙片（反面）
①摺成三摺邊後用熨斗壓平
布邊

a（大人款） （反面）
b（兒童款） （反面）

2 車縫脇邊

①把步驟1的摺痕處攤開，把裙片正面對正面相疊後車縫脇邊

a（大人款）（正面） （反面） 不要車縫
b（兒童款）（正面） （反面） 不要車縫

※穿鬆緊帶的入口
②燙開縫份
裙片（反面）

裙片（反面）
裙片（正面）

3 腰圍和裙襬做收邊處理，在腰圍穿入鬆緊帶

a（大人款）
②在腰圍穿入鬆緊帶（請參考P.114的「寬度粗的鬆緊帶」）
（反面） 脇邊

b（兒童款）
②車縫　③在腰圍穿入鬆緊帶（請參考P.115的「細的鬆緊帶兩條」）
1.5
（反面）

①縫份向內摺，車縫
裙片（反面）
0.2

第6章 製作實用生活小物

03 簡約感圓裙

151

ITEM 04

輕巧好穿脫，容易走動
半身工作圍裙

這件圍裙的前開衩設計，在需要大量走動的咖啡館裡非常方便，大大的口袋也很實用。由於圍裙需要經常清洗，因此使用牛仔布等耐用布料來製作。

Free Size的綁帶設計，男女都適用。腰部綁帶的位置位在前方，調整起來十分順手。

簡潔俐落的背部造型，穿起來既合身又易於活動。

半身工作圍裙

【材料】

布…牛仔布 幅寬110cm×130cm

分版圖

- ( ) 內的數字是縫份。若無標記則為1cm
- 單位：cm

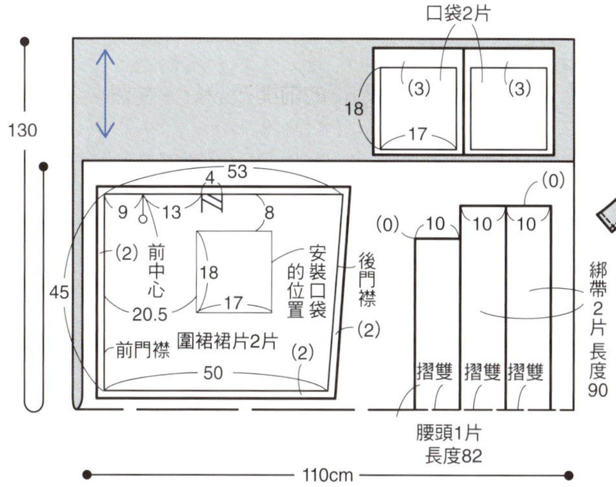

口袋2片
(3) (3)
18
17

130

4 53
9 13 8
(2) 前中心
18
17
20.5
前門襟 圍裙裙片2片 (2)
45
50
110cm

安裝口袋的位置
後門襟
(0) 10 10 10
摺雙 摺雙 摺雙
綁帶2片 長度90
腰頭1片 長度82

製作步驟

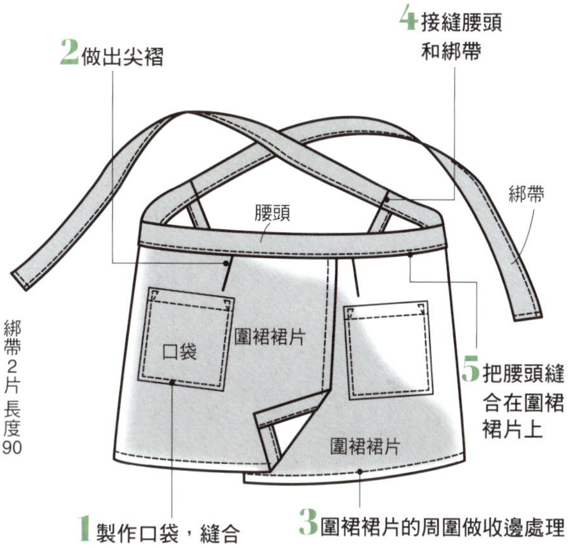

2 做出尖褶

4 接縫腰頭和綁帶

腰頭
綁帶
口袋 圍裙裙片
圍裙裙片

1 製作口袋，縫合

3 圍裙裙片的周圍做收邊處理

5 把腰頭縫合在圍裙裙片上

第6章 製作實用生活小物

04 半身工作圍裙

作法

1 製作口袋，縫合

① 把袋口三摺邊後車縫
1
2
0.2
口袋（反面）

② 其餘三邊的縫份向內摺

前中心
0.2
口袋（正面）
圍裙裙片（正面）

③ 對齊安裝口袋的位置後，縫合到裙片上

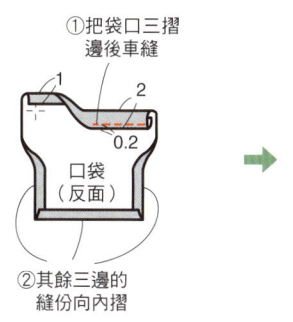

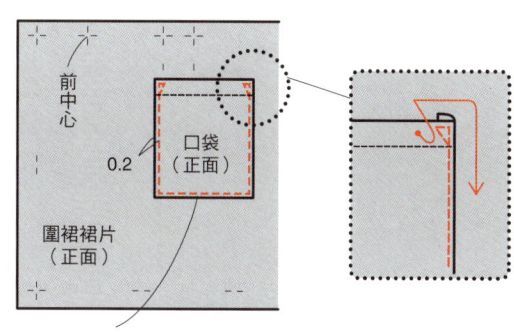

未完，請繼續閱讀下一頁→

153

2 做出尖褶

- 把尖褶往後摺疊，車縫縫份
- 0.5
- 前中心
- 前門襟
- 圍裙裙片（正面）

3 圍裙裙片的周圍做收邊處理

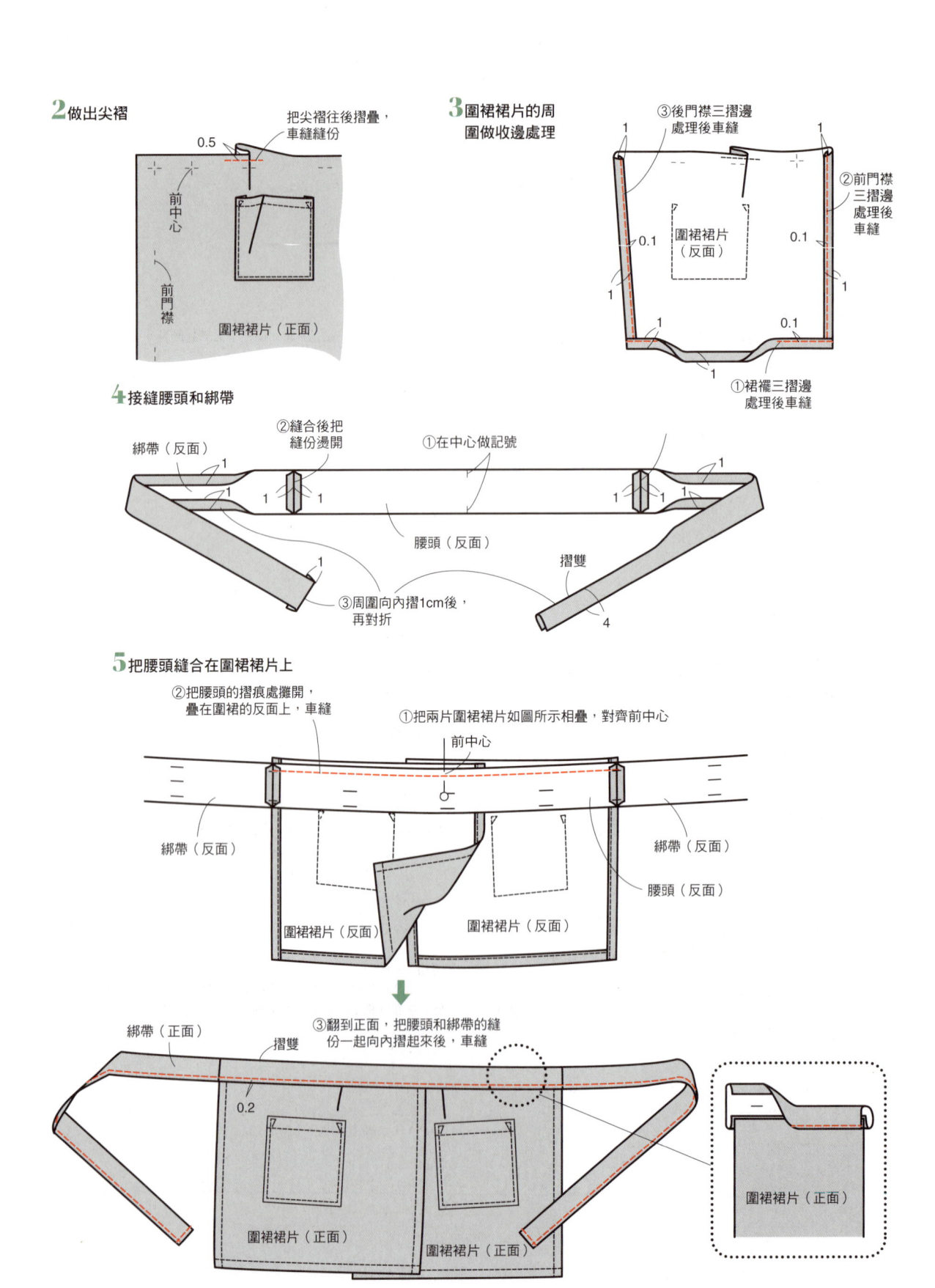

- ③後門襟三摺邊處理後車縫
- ②前門襟三摺邊處理後車縫
- ①裙襬三摺邊處理後車縫
- 圍裙裙片（反面）
- 1
- 0.1

4 接縫腰頭和綁帶

- 綁帶（反面）
- ②縫合後把縫份燙開
- ①在中心做記號
- 腰頭（反面）
- ③周圍向內摺1cm後，再對折
- 摺雙
- 1
- 4

5 把腰頭縫合在圍裙裙片上

- ②把腰頭的摺痕處攤開，疊在圍裙的反面上，車縫
- ①把兩片圍裙裙片如圖所示相疊，對齊前中心
- 前中心
- 綁帶（反面）
- 腰頭（反面）
- 圍裙裙片（反面）

- ③翻到正面，把腰頭和綁帶的縫份一起向內摺起來後，車縫
- 綁帶（正面）
- 摺雙
- 0.2
- 圍裙裙片（正面）
- 圍裙裙片（正面）

154

裁縫用語索引

※以下依英文字母、注音符號的先後順序排列。有標示頁碼的詞彙，可翻閱到指定頁面查詢更詳細的解說。

【F】

FLAT KNIT拉鍊 → P.116
拉鍊的一種，鍊齒部分是用樹脂製成的柔軟拉鍊。

【V】

V領 → P.105
沒有領子，領圍開口呈V字形。

【ㄅ】

背長 →P.51
從後頸根部骨頭突出的地方開始，測量到腰圍的長度。

包邊 → P.128
為了避免布邊脫線，用滾邊條或緞帶等包覆起來收邊處理。包著繩子的包邊，稱為「包繩」或「出芽」。

包扣
用布料把金屬素面鈕扣包覆起來的鈕扣。市面上可買到現成的包扣，也有製作包扣的組合。

包摺縫 → P.80
處理布邊的方法之一。用一邊的縫份，把另一邊的縫份包起來後車縫。

布邊 → P.44
布料擺放成直布紋方向時，與經紗平行的左右兩側邊緣部分。布邊可以透過多種方法處理，如捲邊、包邊或使用拷克機避免脫線。

布幅寬 → P.44
布料的橫向尺寸。布幅寬有不同的尺寸，因尺寸不同而需要不同的布量，所以在購買布料時，要先確認布幅寬。

布襯 →P.75
附有黏膠的內襯，有各種材質或厚度。用熨斗燙平後黏貼在布料上，可以讓布料變硬挺或防止布料拉伸。

布紋
布料的紋理，也就是纖維的排列方向，包括縱向的經紗、橫向的緯紗，以及斜紋布的斜紋。

布用雙面膠 → P.84
可用熨斗來燙貼的膠帶。雙面皆可黏貼，使用在安裝口袋或拉鍊等的暫時固定。

【ㄆ】

泡泡袖 → P.110
在袖山或袖口處抽細褶抓皺，使袖子上部寬鬆、下部收緊的設計。

【ㄇ】

門襟 → P.52
衣物前開口部分的邊緣，通常是襯衫、外套等衣物的前中心位置。

【ㄈ】

反裡器 → P.125
方便將布環翻到正面的專用工具。

返口
縫合之後為了翻回正面，留著不縫的開口。

分版圖 → P.66
將服裝紙樣分解成不同部分，便於裁剪布料的配置圖。

方領 →P.105
沒有領子，領圍開口呈四方形。

防燙墊布
在使用熨斗整燙的時候，墊在布料上方的另一塊布，通常用於整燙羊毛或絲綢等易損壞的細緻布料，但是為了避免一般布料過度熨燙而變形時也會使用。

防拉伸膠帶（牽條）→ P.77
布襯做成膠帶狀的商品。通常貼在領圍或是安裝拉鍊的脇邊部分，防止布料在縫製過程中拉伸變形。

縫份 → P.57
縫合兩塊布料時，在布料邊緣預留的寬度，位在完成線外側。在原寸紙型的完成線外側畫上縫份線後裁布。

【ㄉ】

大針距縫線車縫 → P. 92
使用較長的針距進行車縫，縫針之間的距離約0.4cm。通常是為了抽細褶、用縫紉機做疏縫的時候使用。

袋縫 → P.79
處理布邊的收邊方法之一。把布邊車縫成袋狀，適合薄布料或容易脫紗鬚邊的布。

155

袋角
為了形成包包底部的寬鬆空間，需要在袋底兩端做出寬度的部分。

倒縫份 → P.78
縫合完成後，將縫份倒向同一邊，用熨斗燙平。

倒車 → P.24、25
為了避免脫線，在開始車縫和結束車縫的地方，要按下縫紉機的倒車鍵，重覆車縫3～4針。

多層鬆緊縮褶 → P.123
把布料縮縫或是縫上鬆緊帶，讓皺褶集中的技法。

對齊圖紋 → P.70、71
使用格紋圖案或有特定方向的花紋布料時，在排紙型時要對齊花紋，使圖案具有連貫性。

對針縫 → P.140
正面幾乎看不到縫線的手縫法，以ㄇ字形對針的方式縫合，常見於縫合包包的返口。

【ㄊ】

貼邊 → P.52、58、59
縫製在衣物邊緣的功能性布料，用來增加該部位的強度，也具有裝飾效果。常見於領圍、門襟或袖襱的反面。

貼邊內襯 → P.52
貼邊內部使用的布襯，用於加強貼邊的結構和穩定性，使貼邊更耐用和美觀。

貼邊連裁 → P.59
將衣身片和貼邊連成一片的紙型完整裁切下來。

貼邊線 → P.59
在分版圖上，顯示貼邊位置的線。

跳針 → P.23
縫紉機在縫製過程中漏掉了一針或多針，造成縫線不連續的現象。

臀圍 → P.51
人體臀部最寬處環繞一圈的長度。

【ㄌ】

漏落縫 → P.113
在兩片布料拼接在一起，從正面用縫紉機車縫在縫隙裡，表面幾乎看不到縫線。

立腳扣 → P.136
扣子背面有稱為「扣腳」的穿線孔，使扣子能夠固定在布料上，又名單腳鈕扣或香菇扣。

立針縫 → P.138
將縫線立起來的垂直縫法，經常在手縫貼布時使用，又稱為「貼布縫」。

連肩袖長 → P.51
手肘輕輕彎曲，從後頸根部骨頭突出的地方開始，經過肩膀最高點測量到手腕的尺骨凸起處。

鍊齒 → P.116
拉鍊中央部位用來連接和固定的齒狀部分。

量身 → P.51
測量胸圍、腰圍以及臀圍等身體的尺寸。

領台式襯衫領 → P.100
在領子和領圍之間有一個稱為「領台」的結構。這種領子適合正式或商務場合。

領子安裝的止點
位於前身布，接合領子兩個邊端的位置。

領圍
衣物領口周圍的圓周長度。

【ㄏ】

合成皮 → P.35
在布的表面加工，仿製出類似於真皮的布料。

合印記號 → P.72
裁剪和縫製衣服時使用的記號，用於指示布料的不同部分應如何對齊。一邊對齊這個記號，一邊裁剪或車縫。

【ㄍ】

股下（下襠）→ P.51、53
如果是指褲身，是指襠部（腿的根部）到地板的長度；如果是指褲子，是指襠部（腿的根部）到褲口的長度。

股上（上襠）→ P.51
從腰圍到襠部（腿的根部）的垂直距離。

滾邊條 → P.126
用來包裹布料邊緣的細長布條，以加強邊緣的穩定性或裝飾布邊。可以使用斜紋布自製，也可以直接購買現成品。

【ㄎ】

開縫份 → P.78
縫合完成後，將縫份往兩側攤開，用熨斗燙平。

開口止點
衣服或布料上開口設計結束車縫的位置，例如拉鍊的末端、口袋的開口處或任何需要加強的開口邊緣。

156

開襟
衣服前面的開口設計，通常配有扣子或拉鍊等配件。

扣眼 → P.130
布料上可讓扣子穿過的孔洞。

褲襠 → P.51
褲子中間連接兩條褲腿的部分，從腰部到襠部的縫線。

褲長 → P.51
從腰圍到褲口的長度。

【ㄏ】

荷葉領 → P.102
沿著領圍平鋪的領子，領圍的部分通常會使用滾邊條包邊收尾。

後身布 → P.52
衣服背面那一側的衣身片。

後中央
衣服背面那一側的中央線。也稱為「後中心」。

【ㄐ】

假皮草 → P.34
使用合成纖維製成，仿製出類似於動物毛皮的布料。

接合袖 →P.107
先將袖子縫成筒狀，縮縫袖山之後再與衣身片的袖襱接合在一起。

尖褶 → P.53、54、60、88
為了呈現出胸部或臀部等部位的立體感，在布料上做V字形記號。把V字線的上緣兩側對齊摺疊後車縫，讓布變得立體。

肩線
在肩部的位置縫合的縫線。

經編布
布料走經紗方向（縱向）。一般布料都是經編布，具有良好的彈性和穩定性。在紙型上畫上經紗方向的箭頭記號，稱為「直布紋」。

鋸齒縫 → P.78
用家用縫紉機車縫出Z字形的縫線，縫線呈現出一種鋸齒狀的圖案，主要用來防止布料邊緣散開。

【ㄕ】

身寬 → P.61
身體的寬度，或是衣服的衣身片寬度。

【ㄑ】

巧臂
部分機型的家用縫紉機，可將配件盒拆卸下來成為細長形狀，方便車縫袖口或褲管等筒狀衣物，此細長形狀的部分稱為「巧臂」。

千鳥縫 → P.139
縫線呈相互交叉，經常用於裙子或褲子下襬的收邊處理。

前身布 → P.52
衣服前側的衣身片。

前中央
衣服前側的中央。也稱為「前中心」。

裙長 →P.50、51、62
從腰圍到裙襬的長度。

【ㄒ】

斜針縫 → P.138
經常用於裙子或褲子下襬的收邊處理，藏針縫的一種。

斜布紋→P.44
和布料的經緯線呈對角線，以此方向裁切下來的布料，彈性和延展性佳。

斜紋布
布料以斜向織成的布料，通常具有良好的彈性和耐磨性，毛呢布或牛仔布（P.47）皆屬於斜紋布。

下襬處理 →P.139
把裙子或褲子等下襬做收邊處理，以調整長度或使布邊不脫線。

下線
捲在梭心的線。車縫的時候會成為反面的縫線。

下水預縮 → P.49
把洗過後會縮水的棉布或麻布等布料，先用清水浸泡後讓布縮水，完全晾乾後再進行整布作業。

脇邊口袋 → P.96
利用脇邊的縫線把口袋縫合在內側，又稱為剪接式口袋或斜口袋。

脇邊
從腋下到衣物下襬的部分。前身布和後身布縫合的這個位置，稱為「脇邊線」。

袖頭 → P.52、110
安裝在袖口的布料。

157

袖襱
安裝袖子的位置，從衣身片的肩線到脇邊的圓弧曲線，在衣身片安裝袖子的洞口部分。

袖口
袖子靠手腕側的邊緣。

袖下 → P.60
把袖子縫合在衣身片時，從脇邊下方到袖口為止的縫線。

袖長 → P.50、51
如果是指量身，是指手肘輕輕彎曲的狀態下，從肩膀到手腕尺骨的長度；如果是指衣服，是指袖口的長度。

袖山
袖子上部呈現拱形的部分。

線釘記號法 → P.73
在羊毛等厚布料上，用疏縫線來做記號。又稱為「剪線假縫」。

線腳 → P.130、135
安裝扣子的時候，扣子和布料之間連結的線。線腳的長度，至少要等於開扣眼那一側的布料厚度。

線圈拉鍊 → P.116
鍊齒的部分為樹脂材質，呈線圈狀的拉鍊。

線張力 → P.20、21
縫紉機的上線、下線在縫製過程中對針線和底線施加的力度。如果線張力沒有調解好，就會產生斷線等情況，因此在正式開車縫之前要先試車，確認線張力的狀況。

星止縫 → P.140
用於裙子或褲子下襬的收邊處理，藏針縫的一種。縫線隱藏在縫份的內側，從外觀不容易看到縫線。

胸圍 → P.51
人體胸部最寬處環繞一圈的長度。

【ㄓ】

褶皺（Pleats）→ P.90
把布料摺疊做成的摺痕，摺痕會一直延伸到服飾下端，「百褶裙」的褶子屬於此類。

褶襉（Tuck）→ P.90
把布料摺疊後車縫形成的摺痕，摺痕在中途就消失，會讓服飾顯得有立體感。

支力鈕扣
安裝大型扣子時，在布料反面縫上的小扣子，以加強衣服的支撐力。拆裝鈕扣需要施力時，可防止損傷布料，通常用於較厚重的服飾，例如大衣。

直布紋 → P.44
與布的經紗呈平行方向的紋路，在紙型上會用雙箭頭符號來標記。

紙型 → P.52～64
製作衣服或包包時，用來確定布料裁剪形狀和尺寸的模板，也稱為紙樣。

摺雙 → P.54、66、67、72
把布料對折後的摺線位置。在紙型上寫有「摺雙」的部分，把這條線對折後裁布，即可裁剪出讓紙型左右對稱的部位。

正斜紋
和布紋呈斜向45度的紋理。

整布 → P.48
在裁布之前，先將布過水，或是用熨斗整燙，把布料的歪斜弄正。

【ㄧ】

插肩袖 → P.109
袖子與肩部沒有明顯分界，袖子從領口延伸到腋下，又稱為「拉克蘭袖」。

抽細褶 → P.92
把布料縮在一起車縫，拉線聚集出均勻的皺褶。

襯衫領 → P.98
常出現在襯衫或洋裝，是最基礎的領子。

襯衫袖 → P.106
袖子與肩部有明顯的縫合線，袖山較低的袖子。

【ㄕ】

始縫結 → P.132
開始手縫時用來固定線頭的結，避免線頭鬆脫。

試車縫 → P.20
正式用縫紉機進行車縫前的測試，以確認上線和下線的張力以及縫製效果。

收尾結 → P.133
手縫結束時用來固定線頭的結，避免線頭鬆脫。

上線
從縫紉機的線輪穿到車針的線。車縫的時候會成為正面的縫線。

疏縫 → P.84
為了避免在縫合的時候錯位，在正式車縫之前先用大針距的假縫固定住，車縫或手縫皆可。市面上可購買到專用的疏縫線。車縫完畢之後，疏縫線要拆掉。

疏縫線
純棉製成的手縫線，用來暫時固定布料或當作記號使用。一般市售疏縫線是以「麻花捲」的狀態整束販售。

樹脂拉鍊 → P.116
拉鍊的一種，鍊齒的咬合清楚可見。

雙邊摺縫 → P.81
處理布邊的收邊方式之一。把縫份燙開，再把布邊摺起來後車縫，用於加強邊緣的穩定性，防止磨損或散開。

雙壓線
平行車縫的兩條縫線。通常做為裝飾線或是縫線的補強。

【ㄗ】

做記號 → P.72
在布料上註記縫合對齊用的基準記號，通常使用沾水後記號就會消失的記號筆。

【ㄙ】

三摺邊 → P.83
把布料邊緣摺疊三次後縫合的技術，這樣做可以隱藏原始邊緣，通常用於衣物的下擺、袖口等處。

縮縫 → P.107
為了讓布料產生立體圓弧狀，把布料的一部分縮起來形成波浪狀。用大針距縫線車縫後往兩旁拉線，但還不到抽細褶的程度，布料會變得鼓鼓蓬蓬的。常使用在接合袖的袖山部分。

梭心 → P.13
用來捲縫紉機下線的線輪軸。

鬆緊帶腰頭 → P.114
把腰圍的縫份做兩摺邊或三摺邊處理後，在其中間穿入鬆緊帶。

【ㄢ】

暗扣 → P.136
一種隱藏式的扣子，由凹、凸兩個配件扣在一起。常用於衣物的前襟或領口處。

【一】

壓布腳 → P.29〜33
縫紉機的配件之一，為了壓住布料用的金屬零件。有很多種類，依照不同的用途來區分使用。

壓線
為了讓反面的縫份更穩固，反面車縫完成後，會在正面壓一道車縫線，或是當作裝飾線。

牙口 → P.72
一種做記號的方式，裁剪布料時在縫份上剪出一道齒狀切口，便於對齊兩塊布料。

腰圍 → P.51
人體腹部周圍的長度。在量身的時候，是測量腰部最窄的位置，以水平方式測量一圈。

有門襟的拉鍊 → P.118
安裝裙子或褲子等拉鍊開襟的方式之一，用一塊稱為「門襟」的布料隱藏拉鍊。

隱形拉鍊 → P.116、120
拉鍊款式之一。安裝完成後，拉上拉鍊時從正面幾乎看不見拉鍊。

【ㄨ】

緯編布
布料走緯紗方向（橫向），通常是針織布料，具有良好的彈性和舒適性。

緯紗 → P.44
布料上與經紗（縱向紗線）垂直交織的橫向紗線。

完成線
縫製工作結束後，最終的固定縫線。原寸紙型上的線條即為完成線。

【ㄩ】

原寸紙型 → P.56、66
和實際衣服或包包大小相同的紙型，一大張紙上包含所有需要的裁片。

圓領 → P.104
沒有衣領，領圍開口呈圓弧狀。

用布量
製作衣服或包包等作品時所需要的布料量。

台灣廣廈 國際出版集團
Taiwan Mansion International Group

國家圖書館出版品預行編目（CIP）資料

真正學得會！機縫入門書：縫紉機操作×車縫技巧×手作教學，
700張步驟分解圖，初學者也能修改衣物＆製作小物 /Kurai・Muki
著；胡汶廷翻譯. -- 初版. -- 新北市：蘋果屋, 2024.11
　　160面；　19×26公分
　　ISBN 978-626-7424-38-4（平裝）
　　1.CST: 縫紉　2.CST: 手工藝

426.3　　　　　　　　　　　　　　　　　　　113013278

蘋果屋 APPLE HOUSE

真正學得會！機縫入門書

作　　　者／KURAI・MUKI	編輯中心執行副總編／蔡沐晨・執行編輯／周宜珊
譯　　　者／胡汶廷	封面設計／曾詩涵・內頁排版／菩薩蠻數位文化有限公司
	製版・印刷・裝訂／東豪・弼聖・秉成

原書STAFF
攝　　　　影／松木 潤（主婦之友社）　　製 圖 協 力／網田洋子
攝影（舊版）／鈴木江實子、DNP Media Art　企劃・編輯／岡田範子
造　　　　型／KURAI・MIYOHA　　　　編　　　　輯／森信千夏（主婦之友社）

行企研發中心總監／陳冠蒨　　線上學習中心總監／陳冠蒨
媒體公關組／陳柔彣　　　　　企製開發組／江季珊、張哲剛
綜合業務組／何欣穎

發　行　人／江媛珍
法 律 顧 問／第一國際法律事務所 余淑杏律師・北辰著作權事務所 蕭雄淋律師
出　　　版／蘋果屋
發　　　行／蘋果屋出版社有限公司
　　　　　　地址：新北市235中和區中山路二段359巷7號2樓
　　　　　　電話：（886）2-2225-5777・傳真：（886）2-2225-8052

代理印務・全球總經銷／知遠文化事業有限公司
　　　　　　地址：新北市222深坑區北深路三段155巷25號5樓
　　　　　　電話：（886）2-2664-8800・傳真：（886）2-2664-8801
郵 政 劃 撥／劃撥帳號：18836722
　　　　　　劃撥戶名：知遠文化事業有限公司（※單次購書金額未達1000元，請另付70元郵資。）

■出版日期：2024年11月　　ISBN：978-626-7424-38-4
　　　　　　　　　　　　　　版權所有，未經同意不得重製、轉載、翻印。

一生使えるミシンの基本
© Kurai Muki 2022
Originally published in Japan by Shufunotomo Co., Ltd.
Translation rights arranged with Shufunotomo Co., Ltd.